བདེ་སྐྱིད་ལྷ་སའི་རིག་མཛོད།
幸福拉萨文库

经典篇

拉萨饮食文化

徐素娜央珍 著

轻加工重原味 入口千年文化
小食物大讲究 入乡须当随俗

XZCB 西藏人民出版社

图书在版编目（CIP）数据

拉萨饮食文化 / 徐索娜央珍著 . -- 拉萨：西藏人民出版社，2023.9
（幸福拉萨文库 . 经典篇）
ISBN 978-7-223-07420-9

Ⅰ . ①拉 … Ⅱ. ①徐 … Ⅲ. ①饮食一文化一拉萨 Ⅳ. ① TS971.207.51

中国国家版本馆 CIP 数据核字（2023）第 091944 号

拉萨饮食文化

著　　者	徐索娜央珍
责任编辑	罗布扎西
策　　划	计美旺扎
封面设计	颜　森
出版发行	西藏人民出版社（拉萨市林廓北路 20 号）
印　　刷	三河市祥达印刷包装有限公司
开　　本	710×1040　　1/16
印　　张	11.5
字　　数	176 千
版　　次	2024 年 10 月第 1 版
印　　次	2024 年 10 月第 1 次印刷
印　　数	01-10，000
书　　号	ISBN 978-7-223-07420-9
定　　价	56.00 元

《幸福拉萨文库》编委会

本书著者　徐索娜央珍

编者序

BIAN ZHE XU

“日光城”拉萨，中华人民共和国西藏自治区首府、国家历史文化名城，长期以来就是西藏的政治、经济、文化中心，是一座具有1300年历史的古城。拉萨位于西藏自治区东南部，雅鲁藏布江支流拉萨河北岸，海拔3650米，是世界上海拔最高的城市之一。它东邻林芝市，南与山南市交界，西连日喀则市，北接那曲市；南北最大纵距202公里，东西最大横距277公里。截至2018年，拉萨市下辖3个区（城关区、堆龙德庆区、达孜区）、5个县（林周县、当雄县、尼木县、曲水县、墨竹工卡县），64个乡。全市总面积29518平方公里，市区面积59平方公里。根据第六次全国人口普查数据统计，全市常住总人口55.94万，其中城关区人口27.90万，有藏、汉、回等31个民族，藏族人口占87%。自古以来，拉萨就是一个多民族融合聚居之地，是藏族的文化资源发扬传承的核心区，也是中华民族多样文化的宝库。在长期的历史发展中，勤劳勇敢的藏族人民与汉、回等民族同甘共苦、和睦相处，并为祖国的统一与稳定发展贡献力量。

拉萨境内蕴藏着丰富的自然资源，以风光秀丽、历史悠久、风俗民情独特闻名于世。拉萨现有世界文化遗产一处三个点，即布达拉宫及其扩展项目大昭寺、罗布林卡，特色地方节日有藏历新年、传昭大法会、酥油花灯节、萨噶达瓦节、沐浴节、雪顿节、赛马节、望果节等，与全国其他藏族聚居区有着相似而又不同的独特民俗风情。

文化，是每个民族在历史发展进程中形成的生命力、凝聚力和创造力的硕果，是各民族的重要特征。任何文化都为生活所用，而饮食文化将每个民族一定程度的物态文化、制度文化、行为文化和心态文化展现在我们面前。

拉萨藏族饮食文化历史悠久，追其溯源，其形成与地理环境、藏传佛教以及外来饮食文化的影响是密不可分的。高原特殊的地理位置和独特的高原气候环境，影响和制约着包括拉萨在内的整个青藏高原这一特定地域的饮食。任何一个民族的饮食在它的形成初期都与自然环境有着密切的联系，千百年来生活在拉萨的藏族百姓也不例外。独特的地理环境是拉萨藏族传统饮食文化的基础。藏族百姓因其所处地理环境的特殊性，创造了既可以解决温饱问题，又具有本民族独具一格的饮食文化。

早期，由于“与世隔绝”的地理位置及比较传统的、闭塞的思想观念，人们在种植业方面的方式方法比较单一、守旧，因此，在拉萨藏族传统食品种类比较单一。松赞干布定都后，拉萨成为整个西藏的思想、物资交流的汇集地，人们从四面八方来拉萨经商、朝佛、处理政务等。在此过程中，不同地域的文化思想及物资同拉萨自身的文化思想和物资相互交流、相互影响、相互融合。因此，作为西藏中心的拉萨，随着与不同地区尤其是与中原交流的频繁，这些地域的饮食文化潜移默化地影响着拉萨的饮食文化，使得拉萨的文化内容更加丰富多样，结构更加合理。

本书从历史文献、文化艺术、民族风情等方面详细阐述了拉萨民族饮食的文化特征和地域特色。我们希望《幸福拉萨文库》这一套丛书的出版，能在提高拉萨的知名度和发扬拉萨文化中发挥应有的作用，使拉萨成为充满人文风采及人文魅力的传承之地。

前言

QIAN YAN

拉萨气候温和，地势平坦，土质较厚，水源充沛，由于这些得天独厚的自然条件，从 7 世纪以来一直是西藏的首府，是西藏的政治、经济、文化和宗教中心。随着与周边不同国家、不同民族间进行各类商品贸易与文化交流，这使得拉萨在饮食文化等方面不仅具有自己的独特性，还汇集了周边地区的餐饮习俗。在拉萨，除了传统藏族饮食，还可以吃到周边地区及外国的各式餐饮。人们可以选择各种西式餐点，也可以食用印度、尼泊尔等地的特色菜肴，而中式餐饮更是普遍，远至东北、广东等地方菜肴，近至四川、云南等地饮食都可以享受得到。

本书内容共分为七章。第一章为《拉萨饮食文化概论》，第二章为《拉萨风味》，第三章为《拉萨饮食文化》，第四章为《拉萨茶文化》，第五章为《藏族酒文化》，第六章为《拉萨饮食的交融》，第七章为《其他地区及民族饮食文化在拉萨》。本书突出拉萨地区的饮食文化，其中包括传统的饮食文化、外来饮食文化以及外来饮食文化影响下的本地饮食。概括而言，书中不仅介绍了传统特色饮食，例如糌粑、酥油、风干肉、青稞酒以及酥油茶等具有地方色彩的饮食，还包括受到区外烹饪技术影响后的特色菜肴，体现传统饮食的演变过程。

本书还讲解了拉萨地区饮食礼仪和饮食禁忌，例如，平常吃饭时，人们对座位次序、饮食氛围、待客敬酒等有多种不成文的规定。拉萨地区宗教文化氛围浓厚，饮食文化也受到宗教的影响。可以说，不同的节日都有其特殊的饮食要求，当然这并不是成文规定，而是一种约定成俗。拉萨地区长期混居着藏、汉、回等民族，饮食文化相互影响、相互促进。这种影响在藏族饮食方面表现得尤其明显。藏族人自古以来由于地理环境和气候条件的影响，造就了独特的饮食习惯。随着生活的提高和商业化的发展，藏族人逐渐地从周围人群中学习各种烹饪方法，利用土生土长的原材料，结合现代化饮食特点，做出更多美味的家常菜肴，使传统藏餐逐渐演变，既丰富了本地区人民饮食生活，更使藏族特色饮食走向世界。

本书的内容丰富，对传统饮食与外来饮食都做了非常详细的阐述，适合于有意愿了解拉萨饮食文化的外地读者，也适合于想要了解拉萨饮食文化来源及发展历史的广大读者。

目录

MU LU

第四章　拉萨茶文化

第五章　藏族酒文化

第一章

DI YI ZHANG

拉萨饮食文化概论

拉萨的饮食文化首先需要从地名、特点等方面说起。由于特殊的地理环境及悠久的历史，同时，受文化因素及周边地理因素的影响，拉萨形成了独具特色的民族饮食文化，符合拉萨人民生活实际的饮食文化；并形成了拉萨饮食的特点：注重以本地原料为主，采用轻加工、重原味的制作方式。特色的饮食也具有特殊的象征意义。这些将在拉萨民族饮食文化概论中一一进行讲述。

第一节　拉萨概述

一、“拉萨”一词的由来

史籍上第一次出现“拉萨”（ལྷ་ས）二字，见于公元806年赞普赤德松赞所立《噶琼寺碑》，其中有言：“神圣赞普先祖松赞之世，始行圆觉正法，建拉萨大昭寺。”松赞干布迁都前的拉萨是一片沼泽地；迁都以后，在此建造宫殿，修建寺院，奠定了拉萨城市的雏形。大昭寺就是在这一时期建造的。传说，大昭寺原址是一片湖泊，建寺期间用白山羊驮土填湖。藏语中羊叫“惹”，土为“萨”，大昭寺建成后就叫作“惹萨祖拉康”。由于大昭寺是最早供奉神像的寺院，人们便以“惹萨”作为以大昭寺为中心的城市名。由于佛教的兴盛，且人们把都城视作“佛地”（佛居住的地方），于是将此地取名为“拉萨”。

二、拉萨的特点

拉萨地势特点为北高南低，由东向西倾斜，位于西藏高原的中部、喜马拉雅山脉北侧，海拔3650米，地处雅鲁藏布江支流拉萨河中游的河谷平原。

拉萨全年多晴朗天气，降雨稀少，冬无严寒，夏无酷暑，气候宜人。它属高原温带半干旱季风气候区。全年日照时间在3000小时以上，有“日光城”的美称。

拉萨境内蕴藏着丰富的自然资源，以风光秀丽、历史悠久、风俗民情独特、宗教色彩浓厚而闻名于世。截至2018年，拉萨市辖3个市辖区（城关区、堆龙德庆区、达孜区）、5个县（林周县、当雄县、尼木县、曲水县、墨竹工卡县），64个乡。全市总面积29518平方公里，市区面积59平方公里。

根据第六次全国人口普查数据统计，全市常住总人口55.94万，其中城关区人口27.90万，有藏、汉、回等31个民族，藏族人口占87%。

第二节　拉萨藏民族饮食文化溯源

拉萨藏族饮食文化历史悠久。追其溯源，拉萨藏族饮食文化的形成，与其地理环境、藏传佛教以及外来饮食文化的影响是密不可分的。

一、地理环境的影响

很多藏、汉文字的史籍，都记述了藏族饮食文化发展的过程。西藏很早就有繁荣的牧业，今天的拉萨城便是建立在当年被称为“吉雪沃塘”的吉曲河下游的肥沃坝子上的。“作为青藏高原主要的耕地集中的种植业中心，雅鲁藏布江中游的河谷地虽地处高寒，但日照时数值较高（拉萨地区为3022小时/年），太阳总辐射也很高，都高于纬度近似的我国低海拔地区。这就弥补了由于地势高峻而造成的热量不足，提高了热量的有效性，成为高海拔农业的重要气候资源。河谷年平均气温为4℃～9℃，季节特征表现为春、秋、冬三季相连，没有明显的夏季，冷季不很冷，暖季不很热。这种温度条件决定了种植业为喜温凉作物为主，如青稞、小麦、油菜、豌豆。”属于高原温带半干旱季风气候区的拉萨，年日照时数在3000小时以上。由于气候温和、地势平坦、土质较厚、水源充沛等得天独厚的自然条件，拉萨藏族主要从事农业活动。农作物以本地特有的青稞、小麦为主，并饲养牦牛、黄牛、绵羊、山羊等。世代生活在这里的人们，根据自然规律，选择种植适宜在高寒地带生长的农作物进行生产，如青稞的特点是适应性强、耐低温，在海拔高度为4650米以下、年平均气温为0℃～12℃、年降水量为160毫米～1000毫米的地区都可生长。拉萨的气候、环境都符合种植青稞的条件。拉萨也是全西藏青稞生产的重要区域，因此有了糌粑、青稞酒等这类藏族传统食品。这样既解决了温饱问题，又能很好地借助食物以适应生存环境。然而，位于高寒地带的拉萨，在早期，一方面由于“与世隔绝”的地理位置，另一方面因为人们比较传统、闭塞的思想观念，在种植蔬菜瓜果方面，方式方法比较单一守旧，只种植土豆、萝卜等常见蔬菜用来自给自足，因此，在拉萨藏族传统食品中，蔬菜的种类比较单一。

地理环境奠定了拉萨藏族传统饮食文化的基础。藏族群众因其所处地理环境的特殊性，创造了既可以解决温饱问题，又具有本民族特色的饮食文化。

二、藏传佛教的影响

“结波松赞干布让吞米·桑布扎创制藏文，然后将21种佛经翻译成藏文，把佛教的主要内容‘十善’写入法律条文，规定吐蕃所有臣民都要崇奉佛法……”[1]其中的“十善”中的第一条就是不杀生。因此，在旧西藏，“不杀生”这条宗教教义已成了法律条文。按理说，生活在青藏高原的人们本应都成为素食者，然而为了适应高海拔、空气稀薄、寒冷的恶劣环境，人们不得不食用牛羊肉、牛羊奶、从牛羊奶汁中提取出酥油以及制作酥油茶，以此获得所需的热量、营养。但是人们在食肉时有一定的禁忌，如一般人只吃牛羊肉，而绝不吃马、驴、骡、狗肉，有的人连鸡肉、猪肉和鸡蛋也不食用。鱼、虾、蛇、鳝以及海鲜类食品，除部分城镇居民（大多为青年）少量食用，广大农区和牧区的群众一般不食用。在藏族民间也有“年夏萨玛尼”的说法，当天宰杀的肉称为“年夏”，意即“刚宰杀的动物肉不宜吃”。人们认为牲畜虽已宰杀，但其灵魂尚存，必须过一天后灵魂才会离开躯体。因此在西藏很难见到用刚宰杀牛羊的肉所做的菜肴或用活的动物直接做菜肴。藏族人从不捕食鸟类、山鸡，尤其如“拉恰贡姆”（ལྷ་བྱ་གོང་མོ་）这样的雪山鸡，藏族人视之为神鸟，忌讳捕猎。每逢藏历每月8日、15日、30日等宗教吉日或某些重大宗教节日时，许多人在饮食方面不沾血、不吃荤，而专吃素食。如萨噶达瓦节（藏历4月）期间，拉萨本地藏族百姓一般都要戒带荤的食品，吃素食，以示对藏传佛教的信仰。

在苯教盛行时期，祭祀时要宰杀许多牛羊作为祭品。“苯教的另一个特点就是注重祭祀……根据苯教经论的不同，各派在祭祀方法上名目繁多各有

[1] 东嘎·洛桑赤列著，郭冠中等译，《论西藏政教合一制度》，西藏人民出版社，2008年3月，第11页。

特点。其中，外来之苯教‘恰本’（འཁྱར་བོན་）和新本‘囊辛’（སྣང་གཤེན་）所举行的祭祀活动具有代表性：每年秋季举行‘公鹿独角’，即杀死千只公鹿，取其血肉祭祀……要宰杀大量牲畜。这些仪式大量耗费社会财富，直接影响甚至破坏农牧业生产。后来，遭到松赞干布的禁止。”在藏传佛教盛行时期，为了避免杀生，也为了避免不必要的浪费，人们就想出用“卡赛”来替代真正的牛羊。到如今，很多藏族家庭在新年时仍会用酥油和青稞面粉制作成羊头形状来代表羊，象征着牧业，然后用“切玛”（ཕྱེ་མར་）中糌粑、青穗和一小盆青稞幼苗象征着农业，以此祈愿在新的一年里五谷丰登、牛肥马壮。其次，当有人去世时，亲戚、邻居、朋友、同事都会带上茶和哈达来慰问死者的家属，死者家属会制作受过僧人祈祷的“措”（ཚོགས་）送给来慰问的人。“措”是一种由糌粑、酥油、红糖等制成的梨形的糌粑团。在吃“措”之前，人们要先念一句“六字真言”来为死者祈祷，之后方可食用。剩下的“措”不能乱扔，得扔到山头或是水里，不然是不敬。诸如此类，受宗教影响的食品在藏族食品中并不是少数。

三、外来饮食文化的影响

（一）中原饮食文化的影响

拉萨从松赞干布时期定都起，一直以来都是西藏的政治、经济、宗教、文化中心。正是因为拉萨在西藏所处的地理位置优越，拉萨成为整个西藏的思想、物资交流的汇集地。在不同民族交流交融过程中，不同地域的文化思想及物资相互交流、相互影响、相互融合。随着时间推移，拉萨与中原、印度、尼泊尔的交流愈加频繁，这些地域的饮食文化，潜移默化地影响了拉萨的饮食文化，使得拉萨的饮食内容更加丰富，结构更加合理。

作为拉萨食品之首的“酥油茶”，它的原料除酥油、盐等本地食材，还有最为重要的茶叶这一外来食材，茶叶和酥油对制成酥油茶同等重要，缺一不可。根据藏文史料，藏族熬制茶水用的茶叶早在都松芒波杰时期就已从中原传入。公元四五世纪时，吐蕃军队曾入侵中原边州，夺得了大量茶叶，却不知其用途。《藏汉史集》记载：“茶在松赞干布之孙都松芒波杰在位时传入吐蕃，当时是作为一种保健药物而受到赞普的喜爱。他说：‘在我患病期间不思饮食，只有饮用小鸟衔来的这根树枝泡的水比较奇妙。它能养身，是一种治病良药。’781年唐德宗时，常鲁公使西蕃，烹茶帐中。赞普问：‘此为何物？’鲁公曰：‘涤烦疗渴，所谓茶也。’赞普曰：‘我此亦有。’遂命出之，以指曰：‘此寿州者，此舒州者，此顾诸者，此蕲门者，此昌明者，此湖者。’”由此可知，在8世纪以前，吐蕃社会还没有饮茶的习俗。后来，随着唐蕃之间友好往来，有的汉僧到藏族聚居区传法，有的经吐蕃去印度求法，使传入吐蕃。据《汉藏史集》记载：“对于饮茶最为精通的是汉地和尚，此后噶米王向和尚学会了烹茶，米扎贡布又向噶米王学会了烹茶，这以后便依次传了下来。”不过，饮茶习俗主要流传在王宫贵族间和寺庙里。吐蕃最后一位赞普朗达玛在位时发生了一件大事——灭佛，离开寺庙的僧人将饮茶习俗传入民间。而茶之止渴、消食、少睡、去腻等诸多功能，正好满足了藏族群众的需求，因此深受人们的喜爱。至晚唐，唐蕃关系进入了一个较稳定的和平友好阶段。唐朝的丝织品和茶叶与吐蕃的马牛交换，民间贸易在陇、蜀、洮、岷等一带活跃起来。安史之乱以后，唐蕃间在河西及青海日月山一带还形成了著名的“茶马互市”“茶马古道”。关于“茶马互市”有资料表述如下：“唃厮罗政权地处中原通往西域的门户，这一地区民族杂居，幅员辽阔，农牧业生产有较大的发展，尤其是贸易交换十分发达，其特点之一是汉茶与蕃的互市。吐蕃人民自唐代以来对于茶叶视为生活之必需。”五代、宋、金时期，河西大部分地区为吐蕃等少数民族所占据，与宋廷“贡赐”不断，主要以茶马为主，并建立茶马互易市场。唃厮罗境内的风俗“独知用盐为滋味，而嗜酒及茶”。元、明时期，盛行茶马交换。1372年，明廷设置“茶马司”。清初“茶马互市”制度建立，从此，茶叶源源不断地输入藏区。进行茶马互市，茶叶和饮茶习俗就这样经过长期的传播和发展，由宫廷到寺院再传入民间，并形成了一种藏族新的文化形态——茶文化。

现在的藏式火锅“甲果”，也是从中原传来的，它是清朝末期的产物。藏式火锅所使用的锅，很像北京的紫铜锅。只是，藏式火锅的吃法，并不像其他的火锅一样涮着吃，而是直接把各种各样的菜堆放在锅里一起吃。锅里放的荤菜、素菜都是事先煮好的。汤底是用牦牛骨头熬制而成，比较清淡。

清朝时，在拉萨城里有好几个由驻藏大臣们经营的菜园，“红萝卜”“白菜”“莴笋”等菜肴的名称在藏语口语中就是直接用汉语音译来称呼使用的。这些食品早期也是从中原传来的。拉萨的“酸萝卜”，同中原的“泡菜”做法一样，将萝卜作为原料，泡在罐装的花椒盐水里，不掺和过多调味品，完全是单纯澄明的口味，当然也可根据个人喜好，添加其他佐料。

由此可见，拉萨的很多饮食在其形成上受到中原饮食文化的影响是毋庸置疑的。

（二）印度、尼泊尔饮食文化的影响

早期，在拉萨的商人，他们中有一些人途经亚东樟木，将拉萨的羊毛等土特产带到印、尼等国进行商品交易，然后带回茶叶、“基尼”或“切玛嘎惹”等日用品。其中，“基尼”是印度语，意为白糖；“切玛嘎惹”（བྱེ་མ་ཀར་）为藏语，“切玛”词义为“沙”“沙粒状的”，“嘎惹”则指“白色”，完整词义是“白色沙粒”。同样，当时印度、尼泊尔商人也常到拉萨经商，在他们来来往往的经商过程中，拉萨的饮食文化也潜移默化地受到影响，甜茶就是那时候的产物。甜茶在当时只见于贵族家庭中，这一点我们从当时的资料中可了解到：“一个时髦的拉萨聚会，总是备有午餐，分量不多，晚餐则相当奢华，中间穿插着一道茶。下午的这道茶有点欧式……”[1]，这种“欧式茶”指的就是甜茶的早期形式，即英国的下午茶（红茶、牛奶、糖），之后慢慢地演变成藏式的下午茶即甜茶。有关甜茶的描写还有：“那时甜茶在一般市民家中只是偶然做来喝，所用的奶是自家产的或买来的，或用印度产的罐装牛乳酪做。大贵族家中，喝甜茶是很时兴的，这些家庭中午天天喝甜茶，在喝茶的时间和分量上也很讲究。喝茶的时间在午后，只喝两三杯，佐之印度出产的高级饼干。过去的婚礼等大宴席上也必须给宾客备甜茶，时间也在午后和晚饭间，且供两三杯，佐之小点心等零食。”[2]由此可见，甜茶当时在西藏贵族阶层中普遍盛行。除了甜茶，拉萨食品中的佐料——咖喱也是外来品。咖喱起源于印度。“咖喱”一词来源于泰米尔语，“Kali”是

[1] 平措扎西，《世俗西藏》，北京：作家出版社，2005 年，第 155 页。

[2] 何宏，《中外饮食文化》，北京：北京大学出版社，2006 年，第 113 页。

"酱"的意思。印度民间传说咖喱是佛祖释迦牟尼所创，由于咖喱的辛辣与香味可以帮助遮掩羊肉的腥臊味，此举即为用以帮助不吃猪肉与牛肉的印度人。早期印度被蒙古人所建立的蒙兀儿帝国所统治过，其间从波斯（现今的伊朗）带来的饮食习惯，影响印度人的烹调风格直到现今。在西藏，咖喱作为一种外来香料，大概是在20世纪初通过边境贸易往来而流传到西藏的。

随着我国的改革开放和旅游业的兴起，藏族饮食文化也得到了空前的发展，在保持传统特色的前提下，新的原料不断增加。在拉萨，烹调技术不断成熟，出现了藏餐、中餐、西餐多种餐饮文化相互融合、优势互补的新格局，揭开了拉萨民族饮食文化的新篇章。

第三节　拉萨饮食文化特点

一、原料以本地产的农作物为主，外来的农作物为辅

拉萨饮食的原料分为两种，即本地产的农作物和外来农作物。本地产的农作物有青稞、冬小麦、牛羊制品（肉、奶）、鱼、酥油、土豆、盐、蕨麻、蚕豆、木耳、各类蘑菇、本地产的调料（夏国堂杰、怎布、日果、碱、盐）等，外来的农作物有茶、莴笋、白菜、白糖、大米、咖喱、姜等。由此不难看出，拉萨的饮食是建立在本地所产的农作物基础之上的，它表现出原料以本地产的农作物为主，外来的农作物为辅的特点。

特定的地域环境造就特殊的原料。青藏高原特殊的地理位置和独特的高原环境气候，影响和制约着整个青藏高原的饮食。任何一个民族的饮食在它的形成发展之初与自然环境有着密切的联系，一直生活在拉萨地区的藏族百姓也不例外。历史上包括拉萨在内的西藏被高山大川阻隔，交通不便，运输物品靠人背畜驮，与祖国内地和周边国家贸易往来交流极为不便。"由祖国内地运往拉萨的茶叶、瓷器、绸缎等物品，都是由四川的雅安、云南的大理，通过崎岖的山路，依靠牦牛、驴等驮运。从雅安到拉萨一年只能往返一

次。”由此可见，人们的食物除一些必需品，其余主要依赖本地出产的农作物和牲畜产品。由于任何民族的饮食习俗的形成主要是在能保证其供应的基础上，因此，适宜在高原气候条件下生长的青稞、冬小麦、萝卜、土豆、豌豆等植物类品种，牦牛、藏绵羊等动物类品种以及由此产生的副产品——奶制品等，是构成青藏高原传统食品的主要原料，因此也形成了藏族的饮食结构。

同样，也是由于地势所造成的自然环境和物产的不同，在以牧业为主的青藏高原，只有拉萨因位于雅鲁藏布江支流吉曲河（拉萨河）的宽谷区，地形平坦、土质肥沃，因此多以农业为主，食物以农产品为主，肉、奶制品为辅。在农业地区，人们虽养殖牛羊，但养殖牛羊的数量远不及以牧业为主的牧区牛羊的数量，因此肉制品和奶制品的产量往往有限。无论以小麦为主食还是以青稞为主食，在拉萨饮食文化中，其原料的特殊性起着重要的作用。而原料的不同，取决于地理环境的差异。

二、轻加工、重原味

藏族在独特的居住环境和长期的历史发展过程中，在充分利用自然环境的前提下，通过不断的实践、探索以及借鉴其他民族的饮食烹饪方式，形成了生食、风干、煮、炖、炸、炒等多种烹制方式。

（一）藏餐烹调技术的发展

6世纪，藏餐的烹调技术第一次发生较大变化。其原因一是拉萨因与中原内地和中亚各国通商，大量烹调原料和技法传入拉萨，使拉萨的烹调技术得到了发展。尤其是文成公主入藏，开辟了藏汉两族饮食文化交融的先河。这时人们开始注重博食和养食。博食，即烹调用的原料品种繁多，遍及粮食、畜乳、蔬菜、瓜果等门类；养食，即“医食同源”“药膳同功”。这充分说明当时的拉萨医药事业在食补方面也有了长足的发展。《四部医典》向人们展示了拉萨丰富的烹调原料，并从医学理论上阐述了与饮食有关的上千种本土植物、动物、矿物，并细化其药理功效。通俗地说，就是告诉人们什么东西可以吃，什么东西不能吃，以及怎样吃，这为拉萨饮食烹调理论奠定了基础。

第二次藏式烹调发展阶段是在19世纪，这一时期是清朝光绪皇帝统治时期，清代筵席发展到了登峰造极的地步，其种类之多、规模之大、菜肴之丰盛、烹调之精美难以表述，当时出现了筵席之最——“满汉全席”。后来随着经济文化交流，藏汉人员的往来，祖国内地饮食文化潜移默化地传入了拉萨。当时藏族人称“满汉全席”为“嘉赛柳觉杰”，意思是汉食十八道。当时在拉萨等藏区重镇街面上的各种蔬菜、瓜果，厨具、器具开始多了起来，一些比较简单的烹饪技术也流传到民间，有力地促进了拉萨烹饪技术的发展。

在这个时期，拉萨融食、娱、游、乐于一体的饮食文化开始进入上层贵族家庭。但是由于特定的政治、经济、宗教、文化、地理、交通以及信息等诸多因素的制约，不管是中原的美食佳肴还是从西方传到南亚、北亚、西亚的西方饮食文化的影响范围极其有限，只为少数拉萨贵族及商人家庭所了解，而西藏广大农牧区群众仍靠原始而简单的烹调方式打发漫长的岁月，这种状况一直延续到20世纪50年代。

第三次藏式烹调发展阶段是在20世纪80年代。在改革开放的推动下，拉萨的“旅游热”使拉萨的饮食、烹调业得到了空前发展。在吃什么、怎么做、怎么吃的最基本的问题上，开始朝着由简至繁、由粗至精、由低级到高级的方向发展。新原料不断补充，厨师地位也得到提高，烹调技术不断交流，甚至还出现了专门的烹调专著。如青海人民出版社出版的《藏族常用饮食辞典》、西藏拉萨饭店厨师次仁群培所著的《拉萨地区藏餐菜谱》慢慢揭开了西藏烹调的新篇章，使拉萨这一“绿色饮食王国”名扬全国、闻名天下，并逐渐形成了一个全新的饮食文化。

（二）生食及风干的烹制方式

生肉酱是一种无复杂烹制过程的生食食品。生食的饮食习俗，无论是在包括拉萨在内的藏族聚居区还是全世界都可谓历史久远，可追溯到地球上出现人类之初。随着火的发现与运用出现了生食到熟食的过渡，也便有了最早的烹饪形式，随着人类历史的发展和社会的进步，烹饪方式也得到了发展、转变和提升。从生肉酱的烹制方法——将牛肉剁碎后，加入盐、小茴香、干辣椒粉，再加入适量清水的来看，其最大限度地表现了拉萨食品的烹制特点：简单、方便、实用。

此外，拉萨食品的烹制方法还有煮、炖、蒸、风干、炸、炒等，其中以风干形式最为特别，风干的食物有牛羊肉等。这一烹制形式多选择在秋冬时节，因为到冬天后牲畜不能保持肥壮，秋末农牧民都要宰杀一些膘肥的牛、羊，贮备起来过冬、过春食用。因为冬天和入春时节，是包括拉萨在内的大部分藏区物资最匮乏的时节。农区由于气候影响而不能在这两个季节种植收割，牧区因气候影响而草场没有足够供牛羊食用的新鲜草类食物，因此，秋末冬初宰杀的牛羊肉是人们在冬春时节赖以食用肉类食物的保障。

在制作时，先将洗好的牦牛肉剔骨切成条状，然后直接悬空挂到仓库等通风阴凉处。2～3个月后就可以食用或者保存了。在保存风干牦牛肉时，一定不能用塑料袋包，而要用布包。

为何要采取自然风干这种既可以贮藏食物，又可以作为烹制方法的形式呢？最重要的原因就是拉萨特有的自然气候条件：干燥、寒冷、多风。藏族百姓在长期的生活实践中总结出了一条生存之道，那就是尊重自然、遵循客观规律，利用有限的自然条件，取众之所长、为我所用，既很好地储存了食物，同时又保留住了食物的原味。自然风干方便、实用、环保、健康，并没有因为社会的发展进步而消失，而是保留到了今天。

无论是生食食品还是风干食品，这两类食品都同时具有高海拔地区的地域特色。正因为有了高原高海拔的干燥、寒冷、多风等气候，才可以运用风干的方式风干牛羊肉；也只有长期生活在高海拔的高原人才可常年食用这种高原特色食品。相反，在其他低海拔地区，由于降雨量较大、潮湿、炎热、年日照时间相对较短，没有适合风干所需的气候，不易对肉进行风干；同样生活在低海拔的人也并不适合常年食用风干牛羊肉。

（三）以煮、炖烹制方式为主

拉萨常见的传统烹制方式除风干，还有煮、炖、熬、炒等烹制方式，其中“炒”的烹制方式比较少见。这一特点我们从藏族传统烹制器皿的形状以及拉萨食品本身的内容中可以了解到。传统的藏族烹制器皿以“罐”的形状居多。根据有关资料记载：“将考古出土文物分为早期文化遗存和晚期文化遗存。早期文化遗存里生活用具的陶器类，出土陶片共5万余片，大多破碎太甚，器形以罐为主，纹饰图案结构为几何形……晚期文化遗存里生活用具的陶器类，出土陶片较少。陶器基本为素面……器类比较简单，主要为杯（折腹杯、束腰杯、小杯）和罐（圜底罐、圈足罐）。”由此可见，从拉萨最初可考证的饮食器皿开始，就是以罐形为主，炒食所用的炒锅并不多见，从而可以表明藏族在烹制方式中很少用到“炒”的烹制方式。

与此相同，拉萨人们日常饮食中最为常见的面食类：“土巴”即面粥的总称，“帕图”即面疙瘩，“糌图”即糌粑糊，“曲热”即糌粑糊的另一品种，这些面食都是以煮、炖的烹制方式食用。在菜品类的食品中，萝卜炖牛肉、土豆炖羊牛肉、煮牛头、夏斋、煮灌肠等也是以煮、炖的烹制形式来完成的。凉拌类的咖喱牛肚、咖喱土豆等的加工过程中，也是先将土豆、牛肚等食材煮熟，再加入咖喱等调料。

在高寒地带，人们煮、炖、熬制出的食物可以帮助人们抵御严寒的侵袭，这一原因也是不可忽视的。这些烹制方式使得食物内在营养得到了最大的保留，避免了食物在加工过程中所含营养在繁杂的烹制过程中被流失和破坏，可以最大限度地保留食物自身的原味。而且这些烹制方式是对人体最为健康的烹制方式，这种方式也与现代人所追求的绿色健康的养生理念不谋而合。

由此可见，拉萨食品的烹制方法虽不少，但程序不烦琐，以保持原味为烹制终极目标，即轻加工、重原味。之所以具有此种特点，这与藏族人早期的生活方式及饮食结构有较大的关系。在早期，西藏是以牧业为主，拉萨因自身地势等因素渐渐发展成为以农业为主、畜牧业为辅，其生活方式以农业劳作为主，附带根据自然环境及家庭情况放养一定数量的牛羊，仅为满足自家肉食及酥油等的需要。在这种以农业为主、畜牧业为辅的生活大环境的影响下，其烹制方式也受到影响，食物自然大多以煮、炖的形式较多。尤其在繁忙的农务之时，人们对饮食的需求是只求量足、简便食用。再加之早期地域、自然环境和社会发展等因素造成原料选择的局限性。因此，在充分利用本地农作物的情况下，人们发挥自己的聪明才智，创造出诸如糌粑、风干牛羊肉等最大限度地减少加工程序，方便携带、方便食用的食品。

随着社会历史的发展进程以及由此带来的生活方式和饮食结构的慢慢转变，传统餐饮的烹制方法也在自身原有的特点上，吸取了其他民族的烹制特点。如添加咖喱粉、味精、鸡精、酱油、醋等调料，炒食的频繁出现，食物搭配的科学性，食物的装饰性像雕花、摆盘等，为原本独特的拉萨食品增加了多元文化元素。

三、特色饮食的象征意义

拉萨食品不仅是藏族百姓赖以生存的不可或缺的物质食粮，也是无可替代的精神食粮。正如资料所述：“民以食为天，饮食在人们生活中占有十分重要的位置。它不仅能满足人们的生理需要，而且也因其有丰富的文化内涵，在一定程度上也满足了人们精神层面的需求。”此句中所说的文化内涵，包括了饮食中隐含的象征意义。拉萨食品，自然也包含着丰富的象征意义。总结起来，大致有以下几点。

（一）驱邪免灾的象征意义

“古突”，“古”即九，这里指二十九，“突”即突巴，是一种面粥。它既是节日食俗也是宗教仪式中的一道特色食品。藏历腊月二十九日，太阳西落时，家家户户都要进行被称为“古突”的二十九日面团宴。这也是藏族风俗之一。这一天也是驱鬼节，要在布达拉宫及墨茹扎仓举行跳神会，在鲁固广场施食送鬼，各寺庙要举行盛大的跳神活动。在初夜时，每家每户手持火把、呼叫着驱鬼。在大门以外，要把吃剩下的面疙瘩粥倒掉施食，好让一年的鬼怪快走。同时，家家户户要进行大扫除，清除一年来的垃圾污秽。

藏族人认为，新年即将来临，得驱鬼消灾，祈祷万事如意。他们把青稞秆捆成十字形，放在盆子里，每人紧捏一块糌粑在自己身上有病痛的地方擦一下，祈求病痛远离；然后把青稞秆和糌粑都扔到盆子或盒子里，用点燃的青稞秆在屋子里转一圈，把鬼都赶出门；接着点着鞭炮，把青稞秆和糌粑一起拿到路口扔进火堆里，以示驱鬼。驱过鬼，全家人要一起吃“古突”。

看似普普通通的一道面疙瘩，因为特定的时间（藏历新年12月29日辞旧迎新时刻）和特定的人（全家老小）以及在特定的空间（家）做着特定的事情（驱鬼）而使这一特定食物（面疙瘩）显得很特别。它不再是一道只为了满足人们饱腹这一简单生理需要的食物，因为特定的人、特定的时间和特定空间，它已成为一个重要的载体，通过这个载体全家人聚在了一起，体现着亲情的重要。

“古突”中所包的象征物，象征着藏族人的道德准则、行为标准，以太阳、月亮等象征人应具有的威严和荣誉，以辣椒、盐、瓷片等来表示人不应该有的恶行，如尖酸刻薄、好吃懒做、华而不实等。各种象征物分别代表不同的意思，不论谁吃到了都要吐出来，引得全部人大笑。

（二）五谷丰登的象征意义

拉萨主要以农业经济为主，这一年农田是否有收获、是否风调雨顺都事关一个家庭、一个村、一个县甚至一个地区的生计，于广大农民而言，是重中之重的事务。因此，人们除了日出而作、日落而息，面朝黄土背朝天地辛勤劳作，在日常生活中尤其是在节庆时节以不同形式祈祷“五谷丰登”。例如，以“德嘎”面果代表牛、手工制品的羊头代表羊，两者合在一起代表牧业。“切玛”装在特制的钵中。钵是用木板特制的一种长方形的空盒子，盒中间用板隔开，盒板上刻有月亮和星星，盒一头装有拌好的酥油糌粑，另一头装满小麦，都垒成金字塔型，两头顶上插有几根麦子以及青穗，中间插上一朵花或酥油制的“孜珠”（美丽的花）。“卓索切玛”中，用糌粑、青穗和一小盆青稞幼苗象征农业。献“切玛”是在藏历新年的时候，藏族人民家家户户供“切玛”，人人都尝“切玛”，这是藏族人民在长期的历史发展中形成的一种民族风俗习惯。

在新年之际、万物复苏之时，人们借助这些食物，以最纯朴的方式，企盼在新的一年里岁稔年丰、衣食无忧。此时这些食品俨然已超越了它们作为满足人们物质需求而存在的特点，已升华成为满足人们这种物质需求而与无形的“天神”“苍天”表达祈愿的桥梁。此时它们的象征意义显然已表现得淋漓尽致了。

（三）祭祀中食品的象征意义

在西藏，如果家中有人去世，从去世之日到“七七”都要必备红陶罐，红陶罐里面要敬奉“苏”（གསུར་）；同样在家人为逝者办理丧事时的七七四十九天里，每天的三顿饭时刻，家人会在他们自己享用食物前，先将食物倒入死者生前所用的碗里，人们称之为“普”（ཕུད་，即头食）。还有在“甘丹昂曲”人们所食用的“尼昂突”（ཉི་ངན་ཐུག་པ་）和逝者出殡前其亲属等人所吃的“尼昂突”，都是用拉萨食品中的“糌粑”和“帕突”等食品来充当的。此时它们的意义表现在以“普”“尼昂突”等食品来象征生者对亡者灵魂的慰藉，以及逝者家属对亲人亡灵的一份不舍之情。食品将此情此意传送于阴阳两间，已成为死者与其家属在精神层面上联系的重要纽带以及对伟人表达缅怀之情的载体了。

当有人去世时，死者的亲戚、邻居、朋友、同事都会带上茶和哈达来慰问死者的家属，死者家属会制作受过僧人祈祷的“措”（ཚོགས་）送给来慰问的人。一般人们会先念一句“六字真言”来为死者祈祷，之后再食用。对于剩下的“措”，不能乱扔，得扔到山头或是水里，否则就是对逝者的不敬。诸如此类，受宗教影响的食品在藏族食品中并不是少数。

在藏族的传统节日中，我们也可以得知，无论人们选择何种食物作为“载体”以及选择何种形式，想要表达的情感是一样的：借助食物来寄托哀思，以此来达到人与灵的交流。

第二章

DI ER ZHANG

拉萨风味

历史上，西藏受到特殊地理环境的制约，交通不便，运输物品主要靠人背畜驮，与祖国内地和周边国家贸易往来极其困难，人们的食物主要以当地适宜生产的农作物和牲畜产品为主。因此，生活在青藏高原的藏族人主要以适合高原气候条件生长的青稞、冬小麦、萝卜、土豆等植物类品种和牦牛、藏绵羊等动物类品种以及牲畜的副产品奶制品为生。尽管随着社会的改革发展和科学技术水平的提高，人们的生活水平得到极大的改善，外来的食品及外来动植物产品制作的食品极大地丰富和改善了传统饮食生活，但是，在多数传统藏族家庭中仍然以青稞和牛羊肉以及它的副产品——奶制品作为主食。

第一节　传统家常食物

一、传统家常食物之一——糌粑（རྩམ་པ་）

装在特制钵里的糌粑

糌粑是藏族最具代表性的传统食物。糌粑分为两种，一种称为“艿糌”（ནད་རྩམ་），是青稞炒熟磨制的糌粑；另一种糌粑称为“申糌”（སྲན་རྩམ་），是豌豆炒熟磨制的糌粑。其中“申糌”比起“艿糌”甜很多，吃多了容易腹胀，较为常见的吃法是作为零食食用。在生活条件较差的早期，一般的平民百姓用“申糌”当主食，而“艿糌”是指我们通常泛指的糌粑，是藏族群众的主食。

在农牧区以及较为偏远地区一日三餐皆少不了糌粑，一般情况下人们用糌粑拌酥油茶做成糊状当早餐，午饭和晚饭则用茶水拌糌粑捏成团与蔬菜或肉食搭配着吃。在西藏首府拉萨，人们生活水平相对偏远地区较高，外来食品及外来动植物制作的食品，包括大米、白面和各种从祖国内地运来的蔬菜以及各种工业化食品相当丰富。因此，在拉萨生活的藏族人早餐多为糌粑，而午餐及晚餐多以大米为主食。

（一）糌粑的吃法

常见的糌粑吃法是，在碗中放入适量的酥油茶或青稞酒或奶渣水，加入糌粑，然后用左手托住碗底，右手大拇指紧扣碗边，其余四指和掌心扣压碗中的糌粑面，自左至右使小碗在左手掌上不停地旋转，边转边拌，直至捏成小团。进食时可配菜配肉一起吃，或者以酥油茶相佐单食也可。

另外一种常见的糌粑吃法是，在碗中放入少量糌粑，用酥油茶冲成糊状进食，也可以按各自喜好加点酥油、细奶茶、白糖等。这种吃法多见于早餐。

糌粑是一种易于保存、方便携带、食用便捷的食物。在农牧区，人们出去劳作时经常会带一袋糌粑、一壶酥油茶或青稞酒来解决一天的吃食。

“粑”，糌粑团子

此外还有一种吃法就是“糌干”（རྩམ་སྐམ་），在桌上摆一钵糌粑粉，另外在茶碗中倒酥油茶，闲聊时一边在嘴中含一勺糌粑粉接着喝一口酥油茶，当作一种零食。尤其在农牧区忙碌时人们经常会使用这种吃法，一边嚼一边干活，这样可以节省吃饭时间。吃“糌干”很容易被呛着、噎着，一般不让小孩子吃，吃的时候必须配备青稞酒或者酥油茶等饮料。此外，也不能说话，不能心急，甚至不能大口呼吸，以防止干粉吸入气管。

“玛散”

“玛散”（མར་གཟན་）是一种糌粑油糕。在糌粑中加入适量细奶渣、白糖，再用熔化的酥油烹饪，做成长方形或圆形状，四周用酥油花做花边点缀，其上面也可用酥油画成各种形状的图案。此类食品在牧区称之为“蜕”（ཐུད），而在农区多称之为“玛散”，主要在年节时食用。

“切玛”

“切玛”（ཕྱེ་མར་）可以说是糌粑的最高形式，是一种供奉，象征吉祥。在每年藏历新年的时候，藏区有家家户户供“切玛”，人人都尝“切玛”的风俗习惯。切玛实际上是糌粑中放入酥油再加些许白糖搅拌而成的酥油糌粑，也是一种藏族百姓平常的吃食，但是装在特制的钵里就成了“切玛”，是一种特殊供品。切玛装在特制的钵中，钵的一边装有拌好的酥油糌粑，另一边装满小麦，上面插着酥油花和麦穗等，象征着农业的丰收。人们认为糌粑是农业的精华，而酥油是牧业的精华，切玛把两种精华相结合，标志着过去一年的平平安安、农牧业收成好，预祝新的一年里风调雨顺、五谷丰登。

在藏历年期间当你走进藏族群众家庭时，其家庭主妇首先向你献切玛，客人需用手指拿上堆放在特制的钵中的几粒小麦洒向空中，供奉给天神，再从切玛中拿出些许放在嘴中，同时说句“扎西德勒”，表示吉祥如意。

（二）糌粑的做法

糌粑的磨制在西藏各地大同小异，将清洗干净的青稞炒熟后磨成面粉即为糌粑。其中炒青稞是件技术性要求较高的活，颠炒的时间和火候要求恰到好处。炒青稞前先将适量的干净沙子放入锅中加热至滚烫，然后将用清水浸泡的干湿适度的青稞放进炒锅中进行颠炒，滚烫的沙子与青稞相互碰撞，将青稞爆裂成青稞花，再用筛子把炒熟的青稞与沙子分离。炒得好的青稞颗粒像一朵朵小白花，香味四溢，酥脆香甜，可以当零食吃，磨出来的糌粑不仅颜色锃亮，味道更佳。若是将青稞炒黑了，其磨出的糌粑不仅发黑而且味苦，没有香味，若是颠炒的时间不够，磨出的糌粑还会使人胀肚子。

在农区磨制糌粑主要使用传统水磨，水磨房通常建在水流落差较大的河溪山涧旁，利用水力推动叶轮带动水磨；在水流较缓地带则通过人工方式挖开水渠引入江水，在水流落差较大处修建水磨房。在牧区广泛使用手磨，便于携带。此外，近年来电磨被广泛使用，电磨磨制糌粑比起传统的水磨或手磨简单省事，水磨磨制糌粑通常需要大概大半月时间才能磨制好一般人家一年的糌粑量，而电磨能在一天内磨制出来。然而，电磨带给人们现代化生活的简便的同时又使更多的人趋于怀旧，越来越多的人认为电磨磨出来的糌粑不如传统的水磨或手磨磨出来的糌粑有滋味，而且容易产生异味。因而，在市场上出现了不同地区不同糌粑类别之外还有水磨糌粑和电磨糌粑的区别，当然，水磨糌粑的价格会高一些。

（三）糌粑的营养价值

糌粑的原料为青稞，产于西藏、青海、四川、甘肃等地，属大麦类，分为白色和紫黑色两种，生长期约4个月，一般3～5月份播种，7～9月份收割，亦有少量越冬种植的。青稞具有耐旱、耐寒等优点，适合于寒冷、干燥、无霜期短的青藏高原地区种植，每年只收一季。用它可制成糌粑，亦可酿制成酒，为藏族人民的主要食粮。

青稞是藏族人民对当地裸大麦的俗称，在其他产区也称为米大麦、米麦等。青稞是一种十分重要的高原谷类作物，是青藏高原一年一熟的高寒河谷种植的标志性作物。青稞具有“三高两低”的特点，即高蛋白、高纤维、高维生素和低脂肪、低糖，是谷作物中的佳品。青稞中含有特殊元素，具有抗癌、降血脂、降血糖以及预防肿瘤、防止心血管疾病等功效。据西藏自治区农牧科学院资料介绍：青稞是世界上麦类作物中含葡聚糖最高的农作物，其葡聚糖平均含量是小麦的50倍，对结肠癌、心血管疾病、糖尿病有预防作用。通过降血脂和降胆固醇的合成预防、通过控制血糖防治，能提高机体防御能力、调节生理节律。青稞还含有一种专门的胆固醇抑制因子。青稞膳食纤维含量是小麦的15倍，具有清肠通便、清除体内毒素的良好功效。青稞淀粉加热后呈弱碱性，对胃酸过多有抑制作用，对病灶可起到缓解和屏障保护作用。青稞含有稀有的营养成分，如硫胺素、核黄素、烟酸、维生素，对促进人体健康发育均有积极的作用。青稞含有多种有益人体健康的微量元素，如钙、磷、铁、铜、锌、硒等矿物质元素。硒是联合国卫生组织确定的人体必需的微量元素，而且是该组织目前唯一认定的防癌、抗癌元素。

青稞中不仅淀粉及蛋白质含量高，而且各种氨基酸、矿物质种类齐全，含量相较于其他谷物比较丰富，是一种很好的营养保健食品，享有绿色健康食品的美誉。早在3000年前，藏族祖先们就利用青稞磨制糌粑、酿制青稞酒，青稞成为藏族人民的主要食粮。藏族人之所以能在缺少瓜果蔬菜的高寒之地得以生存，与其食用青稞是分不开的。

二、传统家常食物之二——酥油

酥油与糌粑一样是藏族最具代表性的传统日常食物，是藏族家庭中不可或缺的食粮之一。藏族人民日常生活中有着太多的有关酥油的谚语，例如“若是真理，酥油也难化；若是荒谬，钢铁也能穿”等等，说明酥油在藏族社会中有着特殊的地位。酥油，不仅有食用功能、药用功能，还有重要的宗教功能，不仅满足了人们日常物质需求，同时也满足了精神需求，是一种物质文化与精神文化的统一体。

酥油分很多种，在市场上有多种价格不一的酥油，此外，不同产区的酥油价格也各不相同。酥油的色泽很重要，酥油是夏季从牦牛奶中提炼出来的金黄色酥油为最好，从羊奶中提炼的则为纯白色。有句谚语说得好，酥油好不好，看色泽就知道，牦牛好不好，看鼻子就知道，酥油颜色是否为金黄色成为证明酥油好坏的重要标准。一般认为林芝市波密县生产的酥油最具口感，不少人认为波密的牛吃的是野生生长的各种药草，所以其产出的牛奶也最好。此外，日喀则江孜地区的酥油不同于牧区的呈金黄色，它呈现的是白色，是农区特有的酥油，其因口味鲜美也颇受欢迎。

（一）酥油的吃法

酥油有多种吃法，主要用来打酥油茶，也可以放入糌粑中拌着吃，逢年过节油炸果子、点心等也都少不了酥油。此外，酥油是制作酥油花、酥油灯等必不可少的原料。

首先，酥油在藏区重要做法之一就是打酥油茶喝。这种饮品是用酥油和浓茶加工制成的，将适量酥油放入特制酥油桶中，加入食盐，再注入煮好的茶汁及适量开水后进行搅拌，使酥油与茶水融为一体即成。酥油茶是每个藏族家庭每日必不可少的饮品，无论是拉萨市市民还是广大偏远地区的农牧民都爱好喝酥油茶。在农牧区有些老人甚至需要一天到晚都不停地喝酥油茶，一天不喝就浑身不舒服。在拉萨，多数市民会在早上打一壶酥油茶，一家人一起喝完，白天除非有客人通常喝得比较少。酥油茶还是藏族人必不可少的待客之茶，有客人来家里，首先请客人喝酥油茶。此外，酥油茶在节庆、婚俗等聚会时也是不可缺少的饮品之一。酥油茶醇正芳香，不仅可以解渴，而且在高原寒冷地区可以使人滋润肺腑、御寒保暖、强身健体。

其次，酥油可以做调味品以及油炸各种高原美食。酥油以各种形式被食用，可以跟糌粑拌着吃，也可以与米饭拌着吃，或者可以涂在面饼上吃。人们出远门或者没时间做菜时经常会用糌粑、米饭、面饼等与酥油调和吃，这样既营养又简便同时还可以填饱肚子。酥油可以油炸各种点心。每年临近藏历年时，在拉萨市场上最热闹的就是买卖藏式点

酥油茶

心，藏语称之为“卡赛”。“卡赛”就是用酥油和面粉制作的各式点心，有耳朵形、蝴蝶形、方形、圆形等各种形状，上面涂以颜料，撒以砂糖，颜色鲜艳，口味酥脆香甜，颇受广大人民群众的喜爱。此外，藏历年时用酥油炸人参果，用酥油与奶渣做成“蜕”等各种特色食品。

（二）酥油的宗教功能

在藏区，酥油的重要用途之一就是制作极具民族特色的酥油灯和酥油花。酥油不仅是人们喜爱的食品，更是人们的精神食粮。以酥油为燃料的酥油灯和以酥油为原材料的酥油花，既是藏族人民的信仰展现，还是藏族文化的重要特征。酥油作为人们心中最为珍贵的食品，广大信徒们认为酥油是敬佛的最佳供品。

在藏传佛教信徒家庭中无论举行念经法事，还是为逝者做祭祀活动，都要点上几盏或上百盏酥油灯。酥油灯在藏传佛教中有指明灯的意义，信徒们坚信点上酥油灯，眼前的黑暗就会消失，认为点燃酥油灯可使人获得智慧，远离修行中的障碍，去除五毒恶业的牵引，断除轮回，最终获得解脱。因此，藏传佛教寺庙和广大信徒家庭的佛龛前一年四季昼夜不停地点着酥油灯。在偏远地区，农牧民群众家庭也经常会用省吃俭用下来的酥油点上酥油灯供奉给神佛，祈祷逝去的亲人在酥油灯光下找到方向，早日走出阴曹地府，重新获得生命。

在西藏，每年藏历十月二十五日举行的“燃灯节”，藏语称之为“甘丹安曲”。这天是藏传佛教格鲁派创始人宗喀巴大师的圆寂纪念日。为了纪念大师，所有格鲁派寺院点上数以万计的酥油灯为大师祭奠，多数信徒家庭也会点上几支酥油灯为大师祈福，同时也为逝去的亲人祈祷。一盏盏长明不灭的酥油灯，传达着信徒们无限的虔诚和祈祷。

此外，酥油花也是藏传佛教一大特色。藏传佛教各教派广泛使用酥油做各种供品，称为酥油花，是以酥油为原料，以人物、花卉、飞禽、走兽、树木等人和事物为主题的一种手工油塑艺术。酥油细腻、黏性好、韧性好、可塑性极强，将酥油混以各色颜料，可塑造形象逼真、色彩鲜艳、精巧玲珑的佛像、花卉、山水、人物等。在藏区很多寺院每年都有酥油花供奉活动，在群众家庭举行各种祭祀活动时也都少不了将酥油花作为各式供品。

（三）酥油的做法

酥油是从牛奶、羊奶中提炼而来的。传统的酥油做法之一，是把挤出来的牛奶或羊奶倒入特制木桶“雪桶”中，“雪桶”通常由木板箍制或原木掏空制成，里面有木质活塞叫“甲罗”，通过制作一块比桶口稍小的圆木板，在木板上凿四个小孔以便在桶内搅拌时液汁和气体通过小孔上下流动，然后在圆木板上安上比木桶长一些的木柄。打酥油时双手抓着木柄上下捣弄，搅拌一段时间后油水分离，表面浮出一层淡黄色的脂肪，舀出来冷却后便成酥油了。

此外，在一些农区使用陶质“雪桶”做酥油，陶质“雪桶”是用手工制出椭圆形陶桶，桶盖在叶片中部。打酥油时桶底中部垫枕头或衣物使陶桶前后两侧成翘板状，然后用手抓着手把前后摇晃直至油水分离。这种传统的陶桶和木桶打出酥油费时费力，近年来在农牧区使用率明显下降，越来越多的人使用电动搅拌器做酥油。

“雪桶”

打酥油是一种非常枯燥艰辛的劳作，一桶奶水要捣鼓几万下才能使奶水分离。因此，人们在长期的劳作下也创造了非常独具特色的民谣歌，藏语称之为“雪鲁”。“雪鲁”是特指打酥油时的歌谣，在不同地区都大同小异，有些有确切意义，而大部分只是在数数，只不过赋予了非常美妙的调子。

（四）酥油的营养价值

酥油的营养价值很高，易于吸收，不会影响血脂及其他生化指标，患有动脉硬化的病人也能食用。研究显示，牦牛酥油所含功能性脂肪酸含量远高于国产奶粉和国产纯奶，尤其是CLA（共轭亚油酸）、EPA（二十碳五烯酸）和DHA（二十二碳六烯酸）含量丰富，特别适合中老年、婴幼儿和体弱人群食用。

酥油含有丰富的脂肪和维生素A，能起到保湿和润肤的功效，加之质地柔软，因而人们常把酥油涂在嘴唇上来治疗和预防嘴唇干裂。在偏远地区，酥油是藏族妇女的护肤品，她们经常把酥油涂在脸上、手上，预防肌肤粗糙，还涂在头发上使发质更加油亮。

此外，酥油还有着极高的药用价值。桑吉嘉措在《藏医史》中记载：4世纪左右，人们已经会用酥油汁涂抹伤口、结扎脉口以治疗出血。不同的酥油有不同的功效，犏牛酥油能调理身体，黄牛、山羊酥油则凉息风热，牦牛、绵阳酥油性热，能祛风寒。在《本草纲目》中曾记载了一款药方名为酥蜜粥，其主料是酥油，可以补五脏、益气血、润肌肤，对于肌肤粗糙、毛发枯槁、脱落等，都有很好的疗效。

三、传统家常食物之三——牛羊肉

西藏地区地形气候独特，有着面积较大的天然牧场，适宜发展畜牧业，畜牧业在藏族经济中占据重要的地位。由于气候条件的限制，西藏出产的蔬菜瓜果之类较少，因此肉类就成为藏族人民的主要食粮之一。在《西藏志》中记载：“普通藏人之主要食物为牦牛肉、羊肉。”藏族的主要肉食是牛羊肉，不吃或很少吃奇蹄类兽肉、飞禽以及鱼类。

风干牛羊肉

在《西藏志》中有关于生食牛羊肉的记载：“杀羊在十月之前，肉既干结，亦无臭味，如此以过冬季，家主每年一次藏肉于贮藏室内，以备以后十二个月享用。乐趣无穷，且合卫生……有时全个死羊贮藏者，有时则切肉成条而使干之……十月宰割时，畜肉最肥。”这里记载的比较客观准确，藏族人吃生食由来已久，主要是指吃生肉，这种习惯至今延续。需要指出的是，吃生肉并不是指吃刚杀完的血淋淋的肉，而是生肉干。藏族人往往会在每年10月份进行一年一度的宰杀，因为冬天和入春时节，是包括拉萨在内的大部分藏区物资最匮乏的时节。农区由于气候影响而不能在这两季节种植收割，牧区因气候影响草场没有足够供牛羊食用的新鲜草类食物，牲畜自然无法保持肥壮。因此，秋末冬初宰杀的牛羊肉是人们在冬春时节赖以食用肉类食物的保证。人们采取风干这一形式，可以说是藏族独特的食物储存方式，用来储存宰杀后的大量的牛羊肉，以备日后食用。很多偏远村庄会在刚入冬的某一天进行集体宰杀，在阴凉通风处晾干若干月，等肉晾晒到一定程度后再吃，吃的时候通常会蘸着辣椒与糌粑一起进食。

风干肉分为两种，一种是半干肉，另一种是全干肉。半干肉是指整只或者整腿牛羊肉。人们宰杀完牛羊，掏空内脏，晾在阴凉通风处。吃时外皮是干的，里面是鲜肉，可以做辅料炒菜吃，也可以直接切肉吃，称之为手抓肉。一般会把大块肉放在比较大的木盘里，旁边放着藏刀，吃的时候用刀切一小块吃。

还有一种就是人们常说的风干肉，是把刚杀完的牛羊肉剔去骨头，将肉切成长形薄条，用绳子穿起来串挂在阴凉通风处晾晒，等其冷冻风干即成。有些地方在肉条上会涂辣椒或盐巴水，以增强其美味。风干肉在西藏非常受欢迎，很多藏族家庭会把风干肉一年四季摆放在桌子上，尤其在拉萨，风干肉被当成一种零食摆在桌子上，可以随时掰一块吃。而在农区因肉类较少，人们一般在节庆日或者有贵客时才会把风干肉拿出来待客。

此外，肉食之类还有林芝市流行的藏香猪。其做法是把宰杀的猪除去内脏，把花椒、食盐等调料涂抹在猪肉内壁，外壁涂以泥巴，放在火堆中烧烤，待泥巴呈褐色后取出，猪毛随泥巴脱落，便可配上调料吃。还有一种羊肉食法，叫“帕义”，在山南和日喀则市较流行。

在藏区，有专门宰杀牲畜的人，称之为“鲜巴”。“鲜巴”宰杀牲畜时会尽量使待宰牲畜减少痛苦，一般会让牲畜一刀毙命。据《西藏志》记载，藏族杀牛方法一般为闷死，其目的是使血留肉内，盖藏人不喜杀生见血，唯因欲促其速死者，而加以割喉者。宰羊之法，以羊列成一排，每次约六头和八头，四足齐缚紧，男人以刀割其喉，后随一妇，妇转羊头使向上。以上两种宰杀方法比较常见，一直延续至今。

第二节　传统特色菜肴

一、特色菜肴——传统特色小吃及做法

奶渣（ཕྱུར་ར་），即干酪，藏语称之为“曲热”，分为两种。一种是用牛奶提炼酥油后剩下的汁水经过熬煮，待水蒸发后锅中上层浮上白色块状物，将白色块状物倒入袋中与水分离后晾干，或将白色块状物捏成小块或弄成各式形状晒干即可，藏语称为“曲热”（phyur-ra）。另外一种奶渣是用没有提炼酥油的乳汁熬制加工而成。两种奶渣可以制作成酸奶渣、甜奶渣、干奶渣、湿奶渣等，其形状也各式各样。奶渣在藏区食用率高，无论是在农牧区还是在城区家庭中常年摆放着一盘奶渣，当作零食随时食用，在农牧区更是人们外出劳作时的必备食品。

“雪”（ཞོ་），即酸奶，分为用提取酥油后的酪浆制成和用没提过酥油的奶做成两种。由于酸奶是牛奶经过发酵制作的食品，因此营养更为丰富，更易消化。纯牦牛酸奶的做法是选用刚挤出不超过30分钟的牦牛奶装入容器，加热煮熟。等温度降至40℃左右，将留作发酵的隔夜酸奶混入其中，简单封口放置室外，让西藏的阳光和干爽的气温辅助其缓慢发酵。6个小时后放入冰箱待食。制好后的酸奶凝结为块状，呈白色，形似豆腐脑，口味酸而纯，营养极其丰富。食用时，盛到碗里，按各自喜好加适量白糖或红糖，把之搅拌成酸甜适度即可。在藏区无论农区或牧区，人们都喜欢吃酸奶，有人喜欢把饼子掰成小块，放入酸奶中一起吃。

“雪”

“珍玛”（སྲན་མ་）藏文音译，意为“炒蚕豆”。蚕豆放入盆中淘洗干净，然后用清水浸泡。将泡好的蚕豆捞出沥干

水分，在太阳下暴晒，最后在锅中与细沙翻炒，蚕豆裂成花即成。

“月”（ཡོས་）藏文音译，意为“炒青稞花”，主要原料为青稞。将青稞淘洗后，放入陶锅中烧红的细沙中，来回翻炒，当青稞裂成青稞花即成。在农区“月”可以分为“艻月”（炒青稞花）和“卓月”（炒冬小麦），可以做成甜味和原味等。在翻炒过程中，青稞的干湿程度以及细沙的烧灼程度都有很多讲究，不然炒不出来好吃的“月”。“月”在以前是农区百姓的主要零食，因为它制作简便，往往在炒青稞制作糌粑时会顺便制作“月”。

“蜕”（ཐུད་），意为“奶渣糕”，也是藏族人过年必备的食物。制作原料包括细奶渣、酥油、红糖、糌粑、凉开水。酥油放入锅中加热融化，将细碎奶渣、酥油、碎红糖及少许糌粑混在一起搅拌均匀，再加入融化的酥油，慢慢糅合在一起，放在木板上做成圆状或长方形状即可。“蜕”多在年节庆典时制作，吃糌粑时加入少量“蜕”，可以使糌粑油香浓厚，酥香可口；也可切成块单吃，是节日期间的最佳零食。

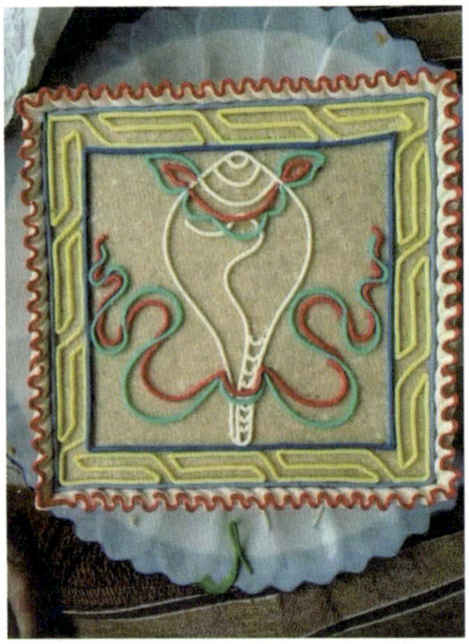

“蜕”

“色夏玛扎”（སེར་ཤ་མར་བཀྲག་）即烤蘑菇。将新鲜的蘑菇洗净后抹上酥油放在文火上烘烤，当酥油融入蘑菇时，撒上少许糌粑粉即可食用。烤蘑菇清香鲜嫩，味道甚为鲜美，是农牧区小孩子最爱的食品。小孩在野外玩耍时经常会采上几颗蘑菇，到家后抹上酥油放在炉灶上烤几分钟即可吃食，既美味又价廉。近年来随着旅游业的发展，拉萨、日喀则等市区各大饭店挖掘传统的特色食物进行加工，烤蘑菇作为特色菜肴供游客食用，其味道不一定是原来的口味，但胜在做工复杂、器皿美观，价格更是昂贵。

烤蘑菇

以上这些小吃或零食在藏区非常普遍，是最为传统的食物，是人们自给自足的小吃，不需要大老远跑去买，也不需要花钱买，几乎家家户户都可以自己做出来吃。直到最近几年，随着商业化的发展，这些小吃通过各种加工和包装逐渐变成商品，成为西藏特有的传统美食。

二、特色菜肴——传统家常菜及其做法

“突巴”（ཐུག་པ་）是藏族家庭中常见的食物，多作为晚饭，其器具多用陶质锅，系用糌粑、肉丁、面块、萝卜等煮制的粥类食品。做法是将切好的羊肉或牛肉肉丁倒入陶锅中炖好，放入适量萝卜丝（也用其他青菜），再将和好的面捏成指尖大小的块状，倒入锅中，根据各地不同习惯或个人爱好加点奶渣土豆等，煮熟即可。

“芭羌”（སྤགས་ཆང་），“芭”是指由青稞做成的糌粑团，“羌”是指青稞酒。在糌粑中加入适量的青稞酒做成糌粑团，再把它装在锅里用棉被等保暖的东西包起来放好，待2～3天后“芭羌”就做好了，最后进行晒干。如同糌粑，芭羌的食用极其方便，无论是在家还是去远行，都适合食用，它不仅可以饱腹还可以解馋。

藏包，即藏式包子。先将牛肉或羊肉剁碎，放入羊油、花椒、盐巴、葱以及肉汤拌成馅。包时讲究口子高、褶皱多，不同地区形状略有不同，有皮薄馅大、汤满油多、美味可口的特点。藏式包子中最具特点的莫过于“曲热馍馍”，意为“奶渣包子”。制作原料：面粉、细奶渣、红糖、酥油。制作方法：先将红糖打碎成小块块，把碎奶渣用开水浸泡几分钟后捞出待用；锅加热融化酥油，把融化的酥油汁倒入浸泡的碎奶渣里，再倒入红糖块，搅拌均匀待用；将面和好，擀成皮，然后把调好的奶渣馅用皮包好，放到蒸笼煮熟即可。除了奶渣包子，现在还有奶渣月饼，这些藏式食物具备现代藏餐美食特

“曲热馍馍”

色，其味道香而不腻，独具特色，颇受本地人与外地游客的青睐。

“洛畏”（གློ་བརྫས་）即炒羊肺。将盐巴、辣椒粉、花椒粉、大蒜、香油、面粉等调料中加入适量的水调成糊状的汁，灌入鲜宰羊肺中使料汁渗透羊肺，再放入沸水中煮熟，捞出晾晒在阴凉处，等需要炒菜时切成小片炒熟即成。“洛畏”不仅是拉萨城区藏式饭店的常用菜品，在农牧区更是受到广大群众的喜爱，在后藏地区几乎家家户户都会做“洛畏”。

“怕杂某古”（བག་ཚ་མར་ཁུ་），“怕杂”意为面疙瘩，“某古”意为酥油化汁。原是僧人食品，后引进世俗社会。农牧区人们常用食品。制作原料：面粉、酥油、红糖、碎奶渣。制作方法：将面和好做成猫耳朵状，放入开水锅里煮熟捞出后沥干，用另外一个锅加热融化酥油，把沥干的猫耳朵放入容器里，再倒入熔化的酥油、奶渣、红糖，然后慢慢搅匀便可食用。

“久玛”（རྒྱུ་མ་），也称“鲁久扎玛”，一种油炸血肠。灌血肠通常在冬季宰杀牛羊时，人们把灌好的肠晾干等来年食用。一般家庭中血肠的配料按各自经济水平而定，在农区多数家庭没有足够的肉用来灌肠，人们通常会用磨成粉的青稞和血水及其他调料灌进肠中，煮熟后晾晒在阴凉处，等晒干之后可干食也可油炸吃。制作原料：羊肠、牛肠和羊血或牛血；配料：夹生米饭或煮熟的青稞片、碎肉、碎油粒、面粉、盐巴、葱蒜、茴香、胡椒、食用油等。制作方法：将肠用清水翻面洗净后，用温水将配料拌匀并灌进肠内，扎紧肠体两端放入锅中煮熟后捞出，待凉透之后切成小段，涂裹用鸡蛋和面粉调制的芡糊放入锅中油炸即可盛盘。这种做法多用在饭店中。

“怕杂某古”

“久玛”

“罗果”（ལུག་མགོ་）即煮羊头，这种食物在后藏地区比较流行，是日喀则人们在藏历年初一食用的必备食品之一。羊头在藏语中音译为“罗果”，与藏语中的“年头”一词发音相近，在民间人们认为吃“罗果”意味着要过节，借此表达新年的祝福。不过在拉萨等其他地方没有过年吃“罗果”的习俗，人们也很少吃煮羊头。近年来，随着旅游业的发展和藏区人口流动，在拉萨也开始流行吃羊头肉了，有些藏餐馆也把煮羊头作为特色食品之一。在后藏地区人们往往把储存好的羊头用火将羊毛烧掉、冲洗干净，放入锅中煮熟即可。而在拉萨等地，人们喜欢把羊头上的肉取出来用调料制作成各式菜色，例如“果夏卡嚓”，是提取紧附在羊头上的肉，切成薄片或小块，用调料与肉片拌匀即可食用。藏语中的“卡嚓”是指辣味，很多食品都可做辣味，与“果夏卡嚓”齐名的有很多，如“卓巴卡嚓”（辣味牛肚或羊肚）“雪国卡嚓”等。

“雪国卡嚓”（ཞོག་ཁོག་ཁ་ཚ་），意为“咖喱土豆”。制作原料：土豆、咖喱、辣椒粉、孜然、盐、葱花。制作方法：把土豆洗净放入沸水中煮至7成熟，去水剥皮，切成块待用；把新鲜的酥油化热，也可用食物油，等油烧开，加入少许咖喱，放入葱段，接着将事先煮成7成熟的土豆块放入锅里，加入盐巴、生姜、茴香、丁香、胡椒、辣椒粉等调料，再倒入少许温开水，把锅盖盖严，用中小火闷蒸三四分钟，撒上葱花即成。

“雪国卡嚓”，即咖喱土豆

“夏金”（ཤ་རྗེན་）即生肉酱，风味独特、营养丰富。制作方法：取新鲜无筋无油的精肉，剁碎，拌以胡椒粉、蒜末等调料，即可吃食。“夏金”通常与糌粑一块食用，是糌粑的上品佐餐。“夏金”在藏族家庭中经常食用，做法方便简单，人们忙碌或不愿炒菜时经常会做点“夏金”同糌粑食用。

“罗阔馍馍”

“罗阔馍馍”（ལོ་ཀོ་མོག་མོག་），意

为“馍洞”。其做法是先取一点砖茶熬成的汁倒入碗内加一点开水，再加少量食盐待用，发面做成窝头状，在锅底抹些油，把做成窝头状的馍馍排列入内，待馍底烤成焦黄色后，加入砖茶汁，把锅盖盖严，用中小火闷蒸即可。

“钦加”（མཆིན་འཁྱག་），意为“冰冻羊肝”。制作原料：羊肝或牛肝、野生蒜、辣椒粉、盐。制作方法：将羊肝冰冻，最好是气温在零摄氏度以下自然冰冻，取冰冻后的羊肝切成薄片，再将辣椒粉里倒入野生蒜、盐巴、胡椒粉做成辣椒酱拌着吃。

手抓羊肉（ལུག་ཤ་རྡོག་བཅས་），手抓羊肉与西藏牧区依草而居的游牧生活是紧密相连的。将煮好的大块羊肉热腾腾地放在大盆里，配一小碟辣椒粉或盐巴。食用时一手抓羊肉，一手拿刀切成小块，蘸一点辣椒或盐巴吃，方便简单。手抓羊肉是藏民最普通而又不可缺少的食品之一。

“雪斋”（ཞོ་འབྲས་），意为“酸奶拌饭”。制作原料：酸奶、煮熟的米饭、白糖。制作方法：将米饭煮熟以后盛入碗里，上面倒入新鲜酸奶，按个人的口味再撒一些白糖搅匀即可食用。

“曲瑞”（ཕྱུར་ཅུལ་ཐུག་པ་），虽跟前面小吃中所说的“曲热”发音相同，意思却不同，此处意为奶渣粥，是以“曲热”作为原料熬出来的粥。制作原料：奶酪、牛肉、面粉、酥油、干辣椒、盐。制作方法：将干奶酪磨成细粉，在锅里加入适量的水，再加入肉块、面粉、干辣椒、盐及待用的干奶酪块，不断搅拌，用水煮熟。

手抓羊肉

“腊阔”

“腊阔”（ལ་སྐོལ་），意为“萝卜炖牛肉”或“萝卜炖羊肉”。在藏族传统家庭中“腊阔”制作方法简单，人们往往会把萝卜切成块状与牛肉丁或羊肉丁放入高压锅中，加适量调料即可。在一些饭店中其制作方法稍复杂。制作原料：带肥肉的牛肉或羊肉、萝卜。制作方法：将萝卜切成块状煮至7成熟捞出待用；将牛肉切成小方块，锅烧热酥油少许，用旺火炒一下牛肉块，加入盐、花椒、干辣椒、姜、葱，加入适量水，烧开后炖至肉烂，再加入萝卜炖熟，放入盐巴适量即可。

“酸萝卜喂玛”（སྔོན་ལབ་ཤ་བརྔོས་），意为“腌萝卜炒肉”。制作原料：腌萝卜丝、生牛肉、盐、胡椒粉、干辣椒。制作方法：锅里加油烧热，倒入干辣椒及切成丝的牛肉，烧至八成熟时，再倒入腌萝卜丝，加入盐、胡椒粉，烧熟盛盘即可。

“酸萝卜喂玛”

“邦浓玛古”（བག་སྣུམ་མར་ཁུ་），意为“酥油青稞醪糟”。制作原料：青稞醪糟、酥油、红糖。制作方法：酥油、红糖放入锅中加热融化后，放入青稞醪糟即可。

“卓玛玛古”（གྲོ་མ་མར་ཁུ་），意为“酥油人参果”。制作原料：人参果、酥油、白糖。制作方法：先将人参果放入沸水中煮熟后，盛入碗中待用，酥油放入锅中加热融化后，浇在人参果上，因个人口味加白糖，搅匀后即可。

“卓玛玛古”

三、特色菜肴——藏式甜茶馆食品

在拉萨，藏式甜茶馆遍布大街小巷，甜茶馆称为藏餐馆不如称之为藏式小吃店，是喝早午茶的地方。甜茶馆顾名思义，经营的主要是藏式甜茶，此外主要经营的还有藏面、凉面、酸萝卜、凉粉、炸土豆条以及咖喱土豆饭。这些食品制作简单，价格便宜，因此在拉萨及周边地区遍地都是甜茶馆，是人们工作之余喝茶聊天的好去处。藏式甜茶馆已经成为一种文化现象，无论是拉萨居民还是来藏的游客都要在甜茶馆坐坐。

藏面（བོད་ཐུག་），是指特定的藏式面条。西藏面食很多，其中藏面是佼佼者。藏面的面条要提前压制好，而且要煮熟晾干待用。等要吃的时候，下到牦牛肉汤锅中，再次烫热出锅即可。将煮好的藏面捞到碗里，盛上满满一碗美味的牛肉汤，撒上些许牛肉丁，旁边再摆上一小碟酸萝卜，桌上有藏式辣酱可以自己按照口味调配，就是一碗极香美的藏面了。藏式辣酱跟内地的辣酱也不一样，是用水调的，里面加上藏族的香料和盐巴，口感上很有特色。藏式的辣酱，刚一入口时，并不觉得有什么辣味，只是觉得很鲜美，在嘴里转几圈以后，辣味就一点点出来了。

藏面的精髓，在于它的汤。吃藏面最大的享受是喝汤，清清淡淡的肉汤，加上少量的盐和葱花，就成了一碗难得的美味。喝进嘴里，又热又香，令人回味无穷。藏面的汤极其好喝，往往吃藏面的人都是冲着藏面的汤去吃的。不加任何添加剂，就是单纯用牦牛肉熬制的骨汤，里面没有任何鲜味剂，但味道极其鲜美。同时吃藏面的时候，配一碟藏族常吃的小菜——酸萝卜，也是大多数常吃藏面的人的习惯。

酸萝卜（སོན་ལ་ཕུག་），所谓的酸萝卜也就是泡萝卜，属泡菜的一种。名称来自汉语中的“酸萝卜”的音译，但与区外的泡菜间存在一定的差异。甜茶馆中炮制“酸萝卜”，会事先把萝卜（莴笋、莲花白）切成丝或菱形、方形后再进行炮制，有时还会放点食物色素，使泡菜略红。酸萝卜是甜茶馆中必不可少的小菜，人们在吃藏面、凉面或者咖喱饭时必须要配着酸萝卜吃，已经成为一种约定成俗，在绝大多数茶馆中酸萝卜是必备小菜。

甜茶馆中的藏面、酸萝卜、辣椒

凉粉（ལ་ཕིང་），凉粉是很多地方都有的小吃，藏式凉粉的特别之处是辣椒，藏式辣椒和油辣子不同，它主要是用水泡出来的，所以辣得很清新。藏式凉粉里面还配有西藏三大菜之一的土豆块。在拉萨还有一种很特别的吃法，就是在两块面饼中间夹上一大块凉粉，再在凉粉上面加上辣椒、味精、盐、葱花，合着咬一口清爽无比，从小在拉萨长大的人都对凉粉饼有着特殊的感情，因为这是他们小时候的零食之一。

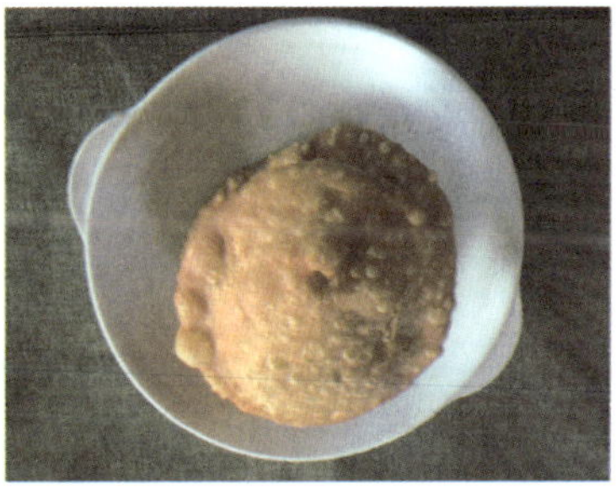
“夏怕里”

“夏怕里”（ཤ་བག་ལེབ་），意为“肉饼”，藏族日常的一种食品。制作原料：面粉、牛肉、盐、鸡精、葱。制作方法：把牛肉剁碎，放入葱花、盐巴、鸡精，再放少许油，搅拌均匀待用，将和好的面擀成皮，用面皮把肉馅包在里面，压成饼状，在锅底抹些菜油，然后把饼放到锅里烤熟。

甜茶馆一般经营时间为早上，很多上班族上班前喜欢在甜茶馆喝茶，吃藏面，吃肉饼。藏面面条较少，一般不足以果腹，因此人们往往配上肉饼，藏面吃完之后再泡上肉饼在汤里吃。

四、特色菜肴——改良后的现代藏餐

随着西藏地区社会发展和人们的生活水平不断提高，藏族传统饮食发生了重大改变，越来越多的藏餐馆在传统藏式烹饪技术的基础上，引进祖国内地烹饪方法，不断创新，精工细做，形成了独具特色的现代藏餐系列，成为藏族百姓和来藏游客的新宠。其中影响最大的莫过于川菜，人们常常会听到，“拉萨俗称小成都”，因为拉萨有很多四川人，最明显的体现便是川菜馆遍布拉萨。在拉萨，除藏族，人群结构占第二位的是汉族。随着汉族人到拉萨经商、朝佛、定居等，汉族的饮食文化也潜移默化地影响着拉萨的饮食习惯，尤其是川菜，其深受拉萨人民的喜爱。

茶马古道始于唐代，东起雅州边茶产地雅安，经打箭炉（今康定），西至西藏拉萨，最后通到不丹、尼泊尔和印度，全长4000余公里，已有1300多年的历史，具有深厚的历史积淀和文化底蕴，是古代西藏和祖国内地联系必不可少的桥梁和纽带。藏族喜欢吃川菜，如火锅、麻辣烫、鱼香肉丝、宫保鸡丁、粉蒸牛肉、麻婆豆腐、酸辣粉、川粉、担担面、龙抄手、酱肉丝、夫妻肺片、东坡肘子等。

“甲果”（རྒྱ་ཁོག），“甲”在藏语中指中原，“果”就是“锅”的音译。“甲果”是典型的外来品，是在清朝末期传到西藏的。藏式火锅所使用的锅与北京的紫铜锅类似。不同于其他火锅的吃法，藏式火锅是直接把事先煮好的各种荤菜、素菜堆放在锅里一起吃。藏式火锅的配菜有四荤四素。荤菜有牛肉、牛舌、猪肉和肉圆子，素菜有胡萝卜、白萝卜、莴笋和木耳。藏式火锅的汤底是用牦牛骨头熬制而成的，色泽清亮，微微泛着奶白色，比较清淡。藏式火锅都是清汤，汤底的好吃与否是火锅最关键的因素。厨师选择的是本地出产的牦牛骨头，用慢火熬，在熬制的过程中需要不断去掉汤表面的浮油，才能保证汤的色泽清亮，味道可口。而牦牛骨头做的汤营养丰富，喝了还不会让人发胖。藏式火锅里的菜都是事先做好的。服务员将菜放到火锅里后，只要将汤底加热，火锅里的菜就可以食用了。那么，藏式火锅的油碟是什么样的呢？很多本地人往自己碗里加点汤就可以了，一般并不需要添加什么。当然如果需要，也可以添加葱、蒜、香菜等。

“珠玛珠阿嚓让”（ཀྲོ་མ་ཀྲུའི་ཨ་ཚ་ར་），意为“西红柿酱”。制作原料：西红柿、盐、孜然、葱、辣椒粉、咖喱等。制作方式：先将西红柿洗净后剁碎待用，在锅里放入油烧开后加入少许咖喱与菜油搅匀，再倒入剁碎的西红柿、盐、孜然、葱花、辣椒粉等，炒熟后盛入大碗即可。

“章夏卡嚓”（གླང་ཤ་ཁ་ཚ་），意为“凉拌牛头肉”。制作原料：煮熟的牛头肉、牛脑、咖喱、孜然粉、大蒜、姜、葱、盐、辣椒粉。制作方法：将煮熟的牛头肉切成适当大小，在锅里放少量油加热，倒入咖喱搅匀后、再加入牛脑、孜然粉、大蒜、姜、葱、盐、辣椒粉，最后加入少许温水与牛头肉搅匀盛盘即可。

“夏卡嚓”（ཤ་ཁ་ཚ་），意为“辣味肉片”。制作原料：牦牛小腿肉、盐、葱、蒜、辣椒粉、食用油。制作方法：选用新鲜牦牛小腿肉切成大块放入锅内煮熟，然后切成薄片倒入大碗里，放入少许食用油，加入盐、葱、蒜、辣椒粉等搅拌均匀即可。

“达嘎雪加”（སྟར་ཁ་ཞོག་སྒྱུར་），意为“油炸核仁土豆”。制作原料：土豆、核桃仁、盐、孜然粉、葱花。制作方法：先将土豆放入沸水中煮熟后冷却，去皮与揉和成团，再擀压成饼状，然后将核仁、盐、孜然粉、葱花搅匀涂于土豆饼上，放入热锅油中炸熟即可。

“囊日卡嚓”（ཉ་རིལ་ཁ་ཚ་），意为“凉拌牛肘”。制作原料：煮熟的牦牛肘、葱、辣椒粉、酱油、盐、花椒、姜。制作方法：先将煮熟的牛肘切成薄片，另起锅，将油倒入锅中烧热，加入葱、辣椒粉、酱油、盐、花椒、姜，最后倒入切成薄片的牛肘搅拌均匀后盛盘即可。

“吉聂松丝”（དཀྱིད་ཉ་གསུམ་བསྲེས་），意为“炒鱼肉”。制作原料：鲜鱼、木耳、青椒、红椒、鸡蛋、豆粉、盐、姜、蒜。制作方法：鱼去骨，切成片后与豆粉、蛋清搅匀，放入油锅中炸熟；青、红椒洗净后切成片状待用；在锅里放少量油加热，倒入盐、姜、蒜、木耳、青椒、红椒、鱼肉一起翻炒，盛盘即可。

“兹炸”（རྩིབ་བཀྲག་）意为“炸羊排骨”。“兹炸”是藏式餐馆中出现率很高的一种菜品。制作原料：绵羊带肉筋骨、酥油、鸡蛋、面粉、盐巴、大料、花椒、姜等。制作方法：洗净排骨剁成小块，拌和盐、大料、花椒等调料，涂裹用鸡蛋和面粉调成的芡糊，放入滚烫的酥油中油炸。排骨色泽金黄，鲜美可口。

“兹炸”

“聂金”（ཉ་ཆེན་），意为“炒鱼肉”。制作原料：鱼、糌粑、盐、大蒜、辣椒粉、花椒。制作方法：将鱼肉剁碎后，与盐、蒜泥、花椒粉、辣椒粉一同倒入大锅内搅拌均匀后，盛入碗里，与糌粑坨拌着吃。

“嘎塞菜嘎”（དཀར་ཟས་ཚལ་དཀར་），意为“青炒西葫芦”。制作原料：西葫芦、盐、葱花、姜。制作方法：先将西葫芦洗净切成片状，放入沸水中煮至7成熟。锅中放入菜油加热，加入姜、盐、葱花、西葫芦一起爆炒起锅即可。

“啊布格桑”（ཨ་ཕོ་སྐལ་བཟང་），意为“巴扎馅饼”。制作原料：面粉、少许苏打、牦牛肉、木耳、葱花、胡椒粉、盐。制作方法：将牛肉、木耳、葱一起剁碎后放入油锅中，加盐、胡椒粉炒熟做成馅，然后普通面粉中放入少许苏打和成面团，擀成皮，然后把肉馅用皮包好，擀压成饼状，放入油锅中炸熟即可。

“磕日喂玛”（མཁལ་རིལ་བརྔོས་མ་），意为“炒牛腰子”。制作原料：牦牛腰子、白砂糖、木耳、莴笋、青椒、肉汤、泡辣椒、盐、蒜、姜、酱油、醋、胡椒粉、豆粉。制作方法：先将腰子切成片状后与豆粉搅拌，串在竹签上，莴笋及青椒切成丝，干辣椒切半泡水，大蒜、姜剁碎待用；将油倒入锅中烧热，加入大蒜、姜、腰子、泡辣椒、木耳、胡椒粉、盐、莴笋、青椒、肉汤一起翻炒后，倒入酱油、白砂糖，最后撒上葱花，倒入豆粉芡糊勾芡即可。

“亚吉松丝喂玛”（གཡག་ལྕེ་གསུམ་བསྲེས་བརྔོས་མ་），意为“牛舌炒青笋香菇”。制作原料：煮熟的牛舌（牦牛）、莴笋、黄菇、骨汤、姜、盐、葱花、泡辣椒、豆粉芡糊。制作方法：先将牛舌、莴笋、黄菇切成条状，然后在热油锅内加入姜、盐、葱花、泡辣椒，及切成条状的牛舌、莴笋、黄菇一起翻炒，再倒入骨汤后浇上豆粉芡糊即可。

“苏洛夏喂”（སོ་ལོ་བརྔོས་མ་），意为“尖椒牛肉丝”。制作原料：牦牛肉、尖椒、葱花、胡椒粉、盐、姜、豆粉芡糊。制作方法：将牦牛肉切成丝，与盐、菜油、豆粉芡糊搅拌均匀待用，然后将尖椒洗净后切丝放入沸水中煮至7成熟，捞出放入凉水里冷却，最后将肉丝、尖椒丝放入热油锅中，加入盐、胡椒粉、姜、葱花爆炒至熟即可。

“亚苏喂玛”（གཡག་སུག་བརྔོས་མ་），意为“炒牛蹄”。制作原料：牛蹄、青椒、白砂糖、骨汤、姜、盐、胡椒粉、八角粉、干辣椒、“嘎过啦”、豆粉芡糊。制作方法：先将牛蹄的肉撕开切成小块状待用，热油锅中倒入白砂糖搅匀，再放入骨汤、牛蹄肉、姜、胡椒粉、八角粉、干辣椒、“嘎过啦”等一起煮开，捞出牛蹄肉后再放入油锅中与青椒一起翻炒后，撒上盐、豆粉芡糊、葱花起锅即可。

“宗夏喂玛”（བཙོང་ཤ་བརྔོས་མ་），意为“牛肉炒大葱”。制作原料：牦牛肉、葱、胡椒粉、姜、豆粉芡糊、盐、干辣椒。制作方法：先将牛肉切成丝状，与盐、豆粉芡糊搅匀后腌制，然后将牛肉放入热油锅中，加入葱花、胡椒粉、姜、盐、干辣椒爆炒即可。

“丝松朱巴卡撒”（སིལ་གསུམ་གྲོད་པ་ཁ་ཚ་），意为“凉拌牛肚三丝”。制作原料：熟牦牛肚、芹菜、粉条、白糖、花椒、盐、蒜、辣椒粉、葱。制作方法：先将熟牛肚切成丝状，芹菜稍煮切成丝，粉条浸泡开水几分钟后捞出，然后在锅里放少量油加热，浇到盛有辣椒粉、蒜泥、花椒容器中，再倒入牛肚丝、粉条搅拌，最后倒入芹菜丝、葱花搅匀即可。

“夏斋”（ཤ་འབྲས་），意为“土豆烧牛肉”。制作原料：新鲜牛肉、土豆、酥油、孜然、“嘎过啦”、盐、葱、咖喱。制作方法：先将土豆洗净煮至7成熟，再将土豆及牛肉切成一样的块状待用，酥油放入锅中加热融化后放入咖喱、葱花、牛肉、盐、孜然、“嘎过啦”炒，倒入少许凉水焖煮至牛肉快熟，最后倒入土豆块、葱花直至煮熟即可。

“鲁岗扎玛”（ལུག་རྐང་བཀག་མ་），意为“烤羊腿”。制作原料：羊腿、鸡蛋、盐、胡椒粉、姜、“嘎过啦”、孜然粉、八角、豆粉。制作方法：大锅内放入盐、胡椒粉、姜、“嘎过啦”、孜然粉、八角，羊腿串在粗竹签上兑水煮至8成熟捞出，与鸡蛋、豆粉搅拌，放入热油锅中炸熟，上浇少许盐水即可。

“洛瓦扎玛”（གློ་བ་བརྫོས་མ་），意为“油炸羊肺”。制作原料：羊肺、鸡蛋、干馍馍、面粉、盐、辣椒粉、胡椒粉、野生蒜、葱花。制作方法：将面粉、盐、辣椒粉、胡椒粉、野蒜、葱花兑水适量调和成稀糊状的汁，取羊肺一副将汁灌进肺中，放入沸水中煮熟后捞出冷却，再切成薄片，与鸡蛋、豆粉、碎干馍搅拌，放入热油锅中炸熟即成。

“扎西康桑”（བཀྲ་ཤིས་ཁམས་བཟང་），意为“吉祥人参果玉米”。制作原料：人参果、玉米仁、细奶渣、酥油、白砂糖。制作方法：先将人参果和玉米仁分开煮熟后捞出待用，把酥油放入锅中加热融化后，倒入人参果及玉米仁翻炒，再撒上细奶渣和白砂糖盛盘即可。

“雪日卡嚓”（ཞོག་རིལ་ཁ་ཚ་），意为“辣子土豆”。制作原料：土豆、咖喱、辣椒粉、孜然粉、盐、葱花。制作方法：先将土豆炖煮至半熟，然后将菜油倒入锅里加热后放少许咖喱，再放入葱、土豆、盐、孜然粉、辣椒粉、少许水，翻炒后起锅即可。

“汁玛玛古”（སྤྲིས་མ་མར་ཁུ་），意为“酥油乳汁”。制作原料：乳汁、酥油、白砂糖。制作方法：把乳汁放入盘里，酥油倒入锅里加热后淋浇于乳汁上，再撒白砂糖即可。

“拉萨夏扎”（ལྷ་ས་ཤ་བཀག་），意为“炒牛里脊”。制作原料：牦牛里脊、酥油、鸡蛋、“泼日”、辣椒粉、盐、豆粉。制作方法：先将牛里脊切成片状，撒一点盐腌制几分钟待用，然后将腌好的肉、鸡蛋、豆粉一同放入酥油锅中炸熟盛入盘里，另起锅，倒入温开水，加入“泼日”、辣椒粉、盐搅拌

"朱巴卡嚓"

均匀后淋浇于牛里脊上即可。

“朱巴卡嚓”（གྲོད་པ་ཁ་ཚ་），意为“凉拌牛肚”。制作原料：熟牦牛肚、羊脑少许，咖喱、孜然、葱、辣椒粉、盐等。制作方法：先将煮熟的牦牛肚切成丝或薄片待用，将油倒入锅中烧热，加入葱花、咖喱，淋浇于牦牛肚上，加入羊脑少许，加入咖喱、孜然、葱、辣椒粉、盐等，搅匀即可。

以上这些菜肴在大多数的藏餐馆中都会有，多数也是普通百姓的家常菜。通过以上这些菜谱的名称和制作方法，可以非常清晰地看出藏区的菜肴制作方法及人们的口味受到祖国内地，尤其是四川等周边省市的影响。祖国内地与藏区的一些家常菜其实非常相像，除了少数最具传统的土特产，多数菜肴和口味逐渐趋于统一化。

五、特色菜肴——加入西藏土特产元素的现代藏餐

随着拉萨旅游业的发展，很多藏餐馆为了迎合更多的顾客，在制作藏餐上可谓是绞尽脑汁、花样百出。厨师们在一些普通的菜肴中加入西藏特产的虫草、藏红花、贝母等元素，制作特色藏餐。这些藏餐菜肴制作精美、口味独特，色香味俱全，相应的价格也比较高。

“亚杂贡布夏日”（དབྱར་རྩྭ་དགུན་འབུ་ཤ་རིལ་），意为“虫草牛肉丸”。制作原料：虫草10根、牦牛肉、盐、八角、“嘎过啦”、姜、豆粉芡糊。制作方法：先将牦牛肉剁碎后做成肉丸，在每个肉丸上插一根虫草，倒入八角粉、“嘎过啦”、姜及少许温开水放入蒸笼里蒸，然后盛入盘中，将剩余的汁与豆粉芡糊煮开后，均匀地浇在肉丸上即可。

“亚杂贡布丝蒸”（དབྱར་རྩྭ་དགུན་འབུ་ཤངས་བཙོས་），意为“虫草鸡肉菇”。制作原料：虫草10根、剁碎的鸡肉、黄菇20个、盐、“嘎过啦”、豆粉芡糊。制作方法：容器内放入剁碎的鸡肉、豆粉、盐抓匀后，黄菇去根倒入剁碎的鸡肉，插上虫草并排放入蒸笼里蒸熟，另起锅，把酥油放入锅中加热溶化，倒入少许温开水、盐、豆粉芡糊搅匀后浇在黄菇上即可。

“卡其夏干吉章”（ཁ་ཆེ་ཤ་སྐམ་ལྕེ་ཀྱིང་），意为“清蒸藏红花牛舌”。制作原料：煮熟的牦牛舌、酥油、藏红花、盐、豆粉芡糊。制作方法：将煮熟的牛舌切成较厚的片状，并排放入蒸笼里蒸热，然后浸泡少许藏红花待用，酥油放入锅中加热融化后，放入藏红花、豆粉芡糊，然后淋浇在牛舌上即可。

“卡其夏干各孜”（ཁ་ཆེ་ཤ་སྐམ་སྒལ་ཚིགས་），意为“油炸藏红花牛里脊”。制作原料：少许藏红花、牦牛里脊、酥油、白菜、莴笋、土豆、核桃仁、盐、酥肉粉、豆粉芡糊、葱花。制作方法：牛里脊切成片，加入菜油、酥肉粉搅拌腌制10分钟左右，将白菜、莴笋、土豆洗净后切成长片状在沸水中煮开，浸泡少许藏红花待用；然后把腌制好的牛里脊放入酥油锅里炸熟后盛入盘里，再并排上煮好的白菜、莴笋、土豆，最后取一点酥油放入锅中加热溶化后放入盐、浸泡的藏红花、少许水，及豆粉芡糊搅匀，浇在炸熟的牛里脊上，撒上葱花即可。

“卡其夏岗鲁孜”（ཁ་ཆེ་ཤ་སྐམ་ལུག་རྩིབ་），意为“藏红花烧羊排”。制作原料：煮熟的羊排、少许藏红花、酥油、豆粉芡糊、盐。制作方法：先将藏红花浸泡待用，然后将羊排剁成块状后放入酥油锅中，再加入盐、少许温水、姜等用小火煮熟，待到羊排煮熟时倒入浸泡的藏红花及豆粉芡糊，即可起锅。

“卡其夏干恰章贡扎”（ཁ་ཆེ་ཤ་སྐམ་བྱ་ཤ་སྒུང་དྲིལ་），意为“藏红花鸡肉卷”。制作原料：鸡胸肉、少许藏红花、鸡蛋、盐、豆粉。制作方法：在锅里放少量油加热，倒入鸡蛋煎成薄饼状，将鸡胸肉剁碎后与蛋清、盐、豆粉搅拌均匀后，放入鸡蛋薄饼里卷起，放入蒸笼中蒸熟。酥油放入锅中加热融化后倒入少许温开水、藏红花、豆粉芡糊搅匀，淋浇在鸡肉卷上即可。

“亚久亚加日”（གཡག་རྒྱུས་གཡའ་སྐྱུ་རི་），意为“贝母炒牛蹄筋”。制作原料：牛蹄筋、贝母、冰糖、酥油、盐、豆粉芡糊。制作方法：将牛蹄筋放入锅中煮熟捞出待用，在沸水中放入贝母、冰糖煮至半熟，把酥油放入锅中加热融化后倒入牛蹄筋，加入盐、贝母、贝母汤少许一起翻炒，最后倒入豆粉芡糊勾芡即可。

以上这些菜肴只在一些较为高档的藏餐馆中才会有，主要是用来招待来藏旅游的客人。这些菜肴是在外地的菜肴基础上，加了西藏特产的一些原料，价格相对昂贵。

第三章
DI SAN ZHANG

拉萨饮食文化

藏族世代居住在青藏高原。高山雪域的自然环境、深厚的历史积淀、游牧的生活方式，以及笃深的宗教情怀形成了自己独特的民族风俗习惯，这在藏族的饮食活动中表现得尤为突出。藏族的饮食礼仪是藏族悠久历史文化的一个重要组成部分，饮食、饮食礼仪以及饮食禁忌充分体现着本民族社会和文化的特点。

第一节 饮食礼仪与禁忌

一、饮食礼仪

（一）喝酥油茶礼仪

藏族是一个酷爱饮茶的民族，有关饮茶的礼仪也很多。喝酥油茶时，一般每人在家各有一个专用的茶碗，不能随意用他人的碗。喝茶时，茶碗中的茶不能喝干，而是喝一半或一大半，斟满后再喝，直到不想喝时也不能全部喝干，而要在茶碗里留下少许。若客人来访，主人在客人面前摆放瓷碗，端起茶壶轻轻摇晃数次（壶底须低于桌面），斟满酥油茶后双手端碗躬身献给客人，忌讳用单手递送，否则被认为不礼貌。端碗时，手指不能挨到碗口，否则视为不卫生。不能用有豁口或裂纹的茶碗来招待客人，否则认为不吉利。

客人接茶后不能张口就饮，先要缓缓吹开浮油，喝一小口或一半，将茶碗放于桌上，主人会续满，做客时不能立刻端起茶碗就饮，而是在主人敦请下慢慢啜饮。客人每次饮茶后主人会很快添满，使茶碗保持盈满状态。做客时一般需饮茶3碗，若只喝1碗就道别或谢绝再喝，主人会说“岗东曼君”，意为不能只饮1碗，否则视为不吉利。喝茶时不能发出“唏、唏”的声音，更不能将碗里的茶一口气全部喝光，否则会被视为没有教养。

在西藏民间，藏族把敬茶作为远别的一种重要礼仪，祝愿亲朋好友一路平安。村口、车站、机场，常常可以见到送行的人们背着盛满酥油茶或甜茶的暖水瓶，为亲友送行。小孩生下来的第二天，亲朋好友也要带上酥油茶为之祝贺。到医院里去探望病人，带上一瓶浓浓的酥油茶或甜茶，病人会感到莫大的安慰。

（二）喝青稞酒礼仪

藏族饮酒的礼仪和习俗极为丰富。家中酿了好酒，首先请长辈品尝。在节日婚庆或众多人聚会场合，饮酒一般是先向德高望重的长者敬献，然后按顺时针方向依次敬酒。敬酒者一般用双手高高举起酒杯，躬身献给对方，面对长者更是如此。饮酒者双手接过酒杯，然后用左手托住，再用右手的无名指轻轻沾酒向空中弹去，这种动作反复做三次，以示敬奉佛、法、僧“三宝”，及敬天、敬地、敬神灵。有的人口中还要轻声念出吉祥的祝词，然后再饮。

饮酒时不能一饮而尽，而要“松真聂达”，意为“三口一杯”。在手指弹酒三次后，饮酒者轻啜一口，敬酒者把酒杯添满，等饮酒者再喝一口之后再添满，到了第三口续满后将杯中的酒一饮而尽。如若在杯中剩下几滴酒，饮酒者按剩酒的滴数，要喝罚酒（如有三滴酒，就要喝三杯罚酒），藏语称“替羌”（ཐིགས་ཆང་）。聚会饮酒时敬献的第一轮青稞酒是用银碗敬献，且大家是共用的，然后摆上各自的酒杯。家庭及亲朋聚会，酒具则不分。邻里间若有屠夫、铁匠等视为不净出身的，一般不共用酒杯。

有酒就有歌，聚会饮酒时，歌是必不可少的。向他人敬酒时，敬酒人一般要唱酒歌。在过去贵族家庭聚会，专门有敬酒女献歌，藏语叫“充秀妈”（འབྲུང་ཞུ་མ་）。现在西藏的农村，尤其是日喀则一带，迎亲、送亲、婚礼等仪式，都有“充秀妈”献歌。向人敬酒时，敬酒者一般要唱酒歌，藏语称“羌谐”（ཆང་གཞས་），若不唱，饮酒者可以拒绝饮用。有时敬酒者斟满杯中酒，走到宾客前开始唱酒歌，唱到一半时，再将酒杯敬上；饮酒者如若在敬酒者尚未唱完酒歌之前将杯中酒饮干，则要罚酒一杯，藏语称“角羌”，意为快酒。敬酒者唱完酒歌之后，饮酒者还未饮完杯中酒，也要罚酒一杯，藏语称“过羌”（འགོར་ཆང་），意为慢酒。还有一种罚酒制度，叫“替羌”（ཐིགས་ཆང་），即在敬酒者唱完酒歌时，饮酒人也正好将杯中酒饮掉，但杯底还剩少许酒，哪怕是几滴，也要罚酒。敬酒者在唱酒歌时，饮酒者如若将杯中的酒偷偷酒掉，则视为是不尊重、无礼的行为，要重罚。

敬酒者在唱酒歌时将歌词唱错或忘记歌词，饮酒者可以反过来罚敬酒者一杯，藏语称“诺羌”（ནོར་ཆང་）。在节庆聚会场合，如若敬酒者能歌善舞，能从德高望重的长者开始依次以不同的酒歌向饮酒者献酒，饮酒者可以反过来向敬酒者献酒，藏语叫“勒羌”（ལེགས་ཆང་），意为赏酒。

酒在藏族婚俗礼仪中也有重要的作用，提亲、订婚、迎亲及婚礼都离不开青稞酒。对新人经过一段时间的选择配偶及占星计算之后，就要举行求婚仪式，藏语称为“隆羌”（སློང་ཆང་），意为提亲酒。提亲这一天，迎娶方家的舅舅及随从穿上最好的藏袍，装饰他们的马匹，并带上礼物及提亲酒去出嫁方家。当他们到达对方家，给对方家每一位成员献上“哈达”，并敬三次青稞酒。出嫁方家回敬“哈达”及青稞酒之后，便邀请客人到客厅入座，以示正式订婚。

婚礼当天迎亲者则要在途中备好青稞酒、哈达及“切玛”分三站设“迎亲酒”，双方要互敬哈达、切玛，祈求婚后一切如意，扎西德勒，然后由“充秀妈”领唱酒歌，依次敬上青稞酒。

新人离家前要喝“辞家酒”（སྐྱེས་ཆང་），仪式通常是在早晨六七点举行，新娘的衣领里要插上缠有绿松石、明镜、五彩哈达的彩箭，由迎娶方家的舅舅牵着新人一步步走出她的家庭。当迎亲和送亲队伍走出大门，由一位身穿藏装的小伙子左手持着一小盘“切玛”，右手拿着彩箭和一块羊腿按逆时针绕“煨桑”一圈后走到屋顶行“央固”（གཡང་བགུག་）仪式。

宗教节日中用青稞酒也有一定的礼仪，比如“白拉日追”节（དཔལ་ལྷའི་རི་ཁྲོད་），“冲颇”（འབྲུངས་ཕོར་）之日的仪式。“冲颇”中的“冲”在藏语里是对酒的敬语称谓，时常在酒场听到干杯的敬语“冲达”（འབྲུངས་དག་）。“颇”在藏语里是碗的意思。“冲颇”此处专指大昭寺班丹拉姆神像前供酒祈神用的大容器。

“冲颇”藏语本意是酒碗，亦可泛指酒杯、酒樽等盛酒的容器。“白拉日追”节，也就是藏历十月十五日，拉萨地区妇女身着节日盛装，戴上自家最好的首饰，一早前往大昭寺进行换“冲颇”仪式。到大昭寺，首先叩拜释迦牟尼神像，再往三楼班丹拉姆女神殿前，将携带的青稞酒恭敬供奉入殿前盛酒容器内，酒器渐满时，从酒器底部一小孔又将酒放出，流出的酒就是经神女加持的美酒。女子们便用自己的酒碗接入，唱上民歌，而后一饮而尽；也有用手接着饮入口，并将剩余美酒涂抹沾打于头部，表示对女神的敬意与虔诚。之后，妇女们将加持过的美酒倒入自己携带的酒壶里，三五成群，在大昭寺前殿的空地上，继续饮酒、唱歌、跳舞。

（三）喝甜茶礼仪

甜茶（ཇ་མངར་མོ་），藏语称“恰安莫”。据说英国人入侵西藏时，将喝甜茶的习惯留在了西藏，也有的说是从印度、尼泊尔传进来的。既然甜茶属于外来饮品，在饮茶礼仪和习俗上与酥油茶、青稞酒相比较，就没那么烦琐了。

如今，在拉萨市区乃至整个藏区，随处可见遍布于路边的甜茶馆，许多人已经养成了喝茶的习惯，如转经的老人会进去喝上几杯；远来朝圣的男男女女会在那儿休息一下喝着甜茶；国家机关的工作人员在繁忙的工作之余，也会钻进一家茶馆去喝甜茶；来拉萨旅游的国内外游客也会去一趟甜茶馆品尝西藏特有的甜茶和藏面，感受藏族独特的文化。

每个民族在长期的实践中都形成了自己的一套规范化的饮食礼仪，并作为每个社会成员的行为准则。比如，藏族人每酿新酒，必先以敬神，然后依循长幼畅饮。日常家庭就餐时，首先给长辈盛饭，然后全家人就座进餐，就餐时不交谈，等等。随着历史的发展，有些礼仪被淘汰了，有些则被更新了，总的来讲，饮食礼仪作为一个民族行为规范的一部分，它的传承与发展是十分必要的。

二、饮食禁忌

藏族的饮食禁忌很多，在食肉方面，藏族人不食驴肉、马肉、骡肉、狗肉、猫肉、狐狸肉、秃鹫肉、鹰肉、鸽子肉等。这与动物崇拜和图腾崇拜，苯教与佛教的信奉，以及丧葬习俗有着密切关系。生活在雪域高原的藏族人，即使是吃牛羊肉，但当天宰杀的动物肉也是禁吃的，藏语称“尼夏”（ཉི་ཤ་），认为牲畜虽已宰杀，但其灵魂尚存，所以是绝对不能食用的。藏族人不吃点杀的动物肉，藏语称“眯夏”（དམི་ཤ་），因为一部分藏族人信仰佛教，受佛教不杀生及慈悲之心的影响，认为杀生是极大的罪孽，而点杀动物的罪孽就更大了。对于自然死亡的动物的肉也是禁食的，认为动物可能是死于疾病，如果人去食用，会把病菌带入体内。在有些地方兔子肉也是被禁食的，尤其是孕妇，认为食兔肉生下的孩子会成豁嘴。生活在偏远地区的牧民，是不食猪肉及禽蛋类食物的。

藏族食鱼习俗是因地而异、因时而异的，在大部分牧区、农区人们是不食鱼的，认为鱼乃水生动物，属于“鲁”（ཀླུ་）的范畴，伤害会它们招来灾祸。在西藏的一些地方，若家中小孩夭折，则实行水葬，所以在这些地方鱼类也是被忌食的。然而，在沿着雅鲁藏布江流域的很多新石器时代的遗址发现了鱼骨，以及从事渔猎生产的网坠，这些现象说明，西藏腹心地带，以雅鲁藏布江流域为主的广阔范围内的藏族先民普遍存在食鱼的习俗。

不食海鲜类的原因除了有关“鲁”的说法，还有因西藏地处青藏高原，特定的自然环境以及物种生产的因素，西藏不产海鲜。

每逢传统的宗教节日，如“萨嘎达瓦节”（ས་ག་ཟླ་བ་），即氐宿月，一部分藏族人都要戒荤、戒杀、放生。过去“萨嘎达瓦”一个月里不准打猎、捕鱼、杀生，拉萨的肉市全部关门，不准出售任何肉类，鱼更是严禁出售的。所以，从传统意义上来说，在宗教节日及藏历每月的八、十、十五日，藏族是禁忌食肉的。

然而，这些食物禁忌随着时代的变迁，往往会慢慢转变，以新的形式出现在平时的饮食起居里，如食鱼，现在很多年轻的藏族人喜欢吃鱼，拉萨街头的很多餐馆出售形形色色的鱼类菜肴，拉萨近郊的鱼庄更是成为很多年轻人聚餐的选择。

当然，一些习俗禁忌上新的转变，并不代表传统的社会习惯、习俗没有普遍的存在性，从某种角度上来说，这些传统禁忌是传统习俗的继续，同时，更是对传统习俗的升华和提炼。这些约定俗成的禁忌，作为社会约束力的一种形式，无论从调整人与自然界的和谐关系，还是对保持大自然的生态平衡，都是有着积极作用的。

除了肉食禁忌，藏族在宗教节日及朝佛季节是忌讳吃大蒜的，他们认为大蒜乃是不净植物，它的臭气会玷污了圣洁之地，所以，食用大蒜后的7天内，是不允许去寺庙朝拜的。

对于做饭的锅灶，藏族也有禁忌，除了不能跨越火灶，还忌讳用脚蹬踩灶台或坐在灶台上，不能在厨房有不干净的行为，比如吐痰、擤鼻涕甚至放屁等，不能将毛皮、骨头等东西放入火灶里烧；要经常擦洗灶台和炊具，使之经常保持清洁。每年藏历新年十二月二十九日有一个重要仪式，那就是“土恰”（དུ་ཕྱགས་）。“土”指烟尘，“恰”为清除，意思是新年前清扫厨房、灶台，以及屋前屋后，在灶房墙上用糌粑或干面粉画上吉祥图案。

藏族的饮食禁忌，与藏传佛教崇尚不杀生的理论有着直接的关系，但是把它视为藏族饮食禁忌的唯一解释，也是欠缺的。藏族饮食禁忌的产生是各种因素综合作用的结果，这与佛教传入西藏以前，藏族本土宗教——苯教的三界各有神主之说，藏族文化中有一种最朴实的生态保护意识，以及高原恶劣的生态环境下，人与自然和谐共存都是息息相关的。

第二节　年节饮食文化

雪域高原传统节日的形成，是藏族的历史文化长期积淀凝聚的过程。藏历新年、传召大法会、萨嘎达瓦、雪顿节、望果节、沐浴节等传统节日，无一不是从远古发展过来的。从这些流传至今的节日风俗里，可以清晰地看到古代藏族社会生活的精彩画面。

望果节

由于雪域高原居民大多信仰佛教，因此许多民间节日均带有浓厚的宗教色彩，表现出宗教与世俗互相通融的特征。就饮食习俗而言，传统的世俗节日中的藏历新年早上的第一杯酥油茶要敬神，每酿新酒必先以敬神，摆上供品的第一碗“卓玛斋丝”（གྲོ་མ་འབྲས་སིལ་），以及敬于灶神的第一个“卡赛”（ཁ་ཟས་），无不带有浓浓的宗教色彩。

从远古到吐蕃，到近代，再到现在，西藏一直在与来自四面八方的文化交流碰撞。过去的半个世纪里，藏族的传统文化在与外来文化交流过程中，自身观念发生了一些变化，包括西藏的传统餐饮也发生了一些变化。但作为有着深厚文化根基的藏餐，在它的变化过程中也表现出了一定的稳定性和传承性。

西藏的民间传统节日繁多，几乎一年当中的每个月都有一个节日，而这些节日大多都有一种特定的节日食品，就拉萨及周边地方而言，从正月初一麦片粥和人参果饭到正月十五的酥油面疙瘩，从望果节的“玛散”（མར་གཟན་）到雪顿节的酸奶饭，从甘丹安曲的“巴突”（བག་ཐུག་面疙瘩）到藏历岁末二十九晚上的“古突”（དགུ་ཐུག་），无不包含着深刻的文化内涵。

一、藏历新年

藏历新年，藏语称“洛萨”（ལོ་གསར་），为每年的藏历一月一日，是藏族最为隆重的传统节日，按照习俗，从上年的藏历十二月开始家家户户开始采购美食和准备供品等。过藏历年，首先必须准备的是佛堂供品：“切玛”（五谷斗）“德嘎”“洛比”“隆过”和酥油、砖茶、盐等。

“切玛”

“切玛”（ཕྱེ་མར་）是供品中的酥油糌粑，切玛装在切玛盒中。切玛盒是精制的斗型木盒，它从中间隔为两半，盒上画有“八宝吉祥图”（བཀྲ་ཤིས་རྟགས་བརྒྱད་）、“祥麟法轮”（རི་དགའ་ཆོས་འཁོར་）等图案，右边装糌粑，左边装炒麦粒，垒成金字塔型，上面插上表示吉祥的“孜珠”（ཚེ་སྒྲོ་）、“五色麦穗”（གྲོ་ནས་སྙེ་མ་）、“罗萨美朵”（ལོ་གསར་མེ་ཏོག་）。

切玛象征着“风调雨顺，人寿年丰”，祈祷新的一年万事如意。藏历新年的时候，家家户户供奉切玛。过年期间家里来客人，主人手持切玛，客人要用右手的拇指和食指抓起一小撮糌粑撒向空中三次，表示敬天地；把糌粑放进自己的嘴里，然后抓起一小撮炒麦粒，同样撒向空中三次，表示一切吉祥。

“德嘎”（སྡེར་ཁ་）就是把丰收的果实放在供桌上作为供品，表示庆贺丰收，预祝新年吉祥如意。“德嘎”的摆法由上到下依次为冰冰多多、布鲁、贡切、木东、粘夏、碰普阿角。数量上为单数，九、七、五、三均可。“德嘎”的右边摆“隆过”、酥油、砖茶、盐及青稞幼苗，“德嘎”的两边摆各种糖果、干果、新鲜水果等。“德嘎”的前面摆八宝饭、酿造的第一杯青稞酒和早上打出来的第一杯酥油茶。

除了佛堂供品，过年时摆放在客厅的各种食品及酒水、菜肴也是非常讲究的。首先准备的是“卓玛斋丝”，类似于八宝饭。在藏族社会，无论哪一种宴席，它是必不可少的节日及庆典美食。其做法是：先将人参果、大米煮熟，把酥油放入锅中加热融化，然后将大米饭和人参果倒入锅中，加入泡软的上等细奶渣和白糖，搅拌均匀即成。

其次是“卡赛”（ཁ་ཟས་），它是藏历新年及庆典时必备的食物之一。过去藏历新年七八天前，每家每户就开始炸“卡赛”，有的家庭还专门邀请制作“卡赛”的高手，用上整整一天或两天的时间来炸“卡赛”。如今，新年临近时，拉萨市老城区的商业中心“冲赛康”，及拉萨林廓北路一条街的商店都临时被租用成了“卡赛”一条街，商店里自制的“卡赛”花样多达30多种，给生活在拉萨市区的僧俗民众带来了很多便利。

“卡赛”分两种，一种是上文所述的供品“德嘎”，另一种是过年时款待客人及家人自己享用的“卡赛”，其形状多种多样，颜色多以红、黄、绿、橙为主。炸“卡赛”的顺序是很有讲究的，首先要炸一条蝎子形状的“卡赛”，供在自家的厨房内，以示来年丰衣足食，然后炸“德嘎”，最后再炸款待客人的“卡赛”。

“卡赛”的制作方法：在面粉里加入酥油、牛奶和水揉合并捏成各种形状，如花朵状的“美朵”、千层的“桑嘎帕里”、圆形的“布鲁”等，涂上五颜六色的颜料后放入油锅内炸酥，捞出置于盘中，撒上磨成粉的白糖即成。

“蜕”（ཐུད་），意为“奶渣糕”，也是过年必备的食物。制作原料：细奶渣、酥油、红糖、糌粑、凉开水。制作方法：酥油放入锅中加热溶化，将细碎奶渣、酥油、碎红糖及少许糌粑混在一起搅拌均匀，再加入溶化的酥油，慢慢揉在一起，放在木板上做成圆状或长方形状即可。“蜕”多在年节庆典时制作，吃糌粑时加入少量“蜕”，可以使糌粑油香浓厚，酥香可口。“蜕”也可切成块单吃，是节日期间的最佳零食。

“夏干布”（ཤ་སྐམ་པོ་），意为“风干牛肉”，是藏族对牦牛肉的一种独特吃法。每年冬至，气温在零摄氏度以下，将牦牛肉切成条状，抹上盐和辣椒，挂在通风、阴凉处，让其冰冻风干即可食用。在拉萨，很多居民家有专门的储藏室制作风干牛肉。它是藏历新年每家每户藏桌上必备的食物。风干牛肉能长期储存，又便于携带，是外出朝拜或出远门时的最佳干粮。其吃法，可以直接抓着吃，也可先把干肉砸碎，用茶水泡软后加入辣椒、盐等佐料，和糌粑一起吃。

“隆过”（ལུག་མགོ་），意为“羊头”。吃“隆过”一般是后藏人过年的一种习俗，在拉萨很少有人在大年初一吃羊头。在后藏，大年初一早上，家人互相敬献“切玛”后，家中每人都会分到一份羊头，人们认为吃羊头就是吃年头，预示着这一年中将会有好运气。按风俗，一人必须吃一头。羊头的做法是年前用火烧烤羊头，烧尽毛，烤熟皮肉后洗净，去掉炭黑，再放入锅中煮。

“卡赛”

“腊阔”（ལ་སྐོལ་），意为“萝卜炖牛肉”。制作方法：把肉洗净，连骨带肉剁成大块倒入锅中，加蒜、葱、姜等佐料，煮至8成熟，再倒入切成块状的萝卜，用旺火煮开稍许即可捞出。吃时一手抓肉，一手执刀，把肉片削下来蘸着辣椒吃，也可直接用手抓着吃。平日里吃“腊阔”，肉汤隔天用来做“突巴”，其味道鲜美，油而不腻。

过年期间要筹备的饮品有酥油茶、甜茶、青稞酒、酸奶、清茶等。

酥油茶，藏语叫“恰苏玛”，是西藏的特色饮料，是西藏僧俗民众、男女老少日常饮用、待客、节日等活动中不可缺少的饮品，多与糌粑一起食用。酥油茶是用酥油和茶加工而成的。制作原料：酥油、砖茶、食盐。茶有砖茶和沱茶两种。其做法是，先将砖茶或沱茶用水熬煮成汁，过滤掉茶叶，把茶水倒进陶质锅内备用。打茶是把适量的酥油放入特制的“董木”中，佐以食盐，再注入开水及煮好的浓茶，用“甲洛”在桶里反复捣拌，再倒入壶中。按照个人的喜好，打酥油茶时也可放一点牛奶或奶粉，然后搅匀，但加过牛奶的酥油茶不易放久。如今，电动搅拌机已替代了传统的手工制作，这一传统的饮食习俗被赋予了现代的操作方式，不但方便快捷，而且打出的酥油茶更香更可口。

拉萨节日中的饮品“羌”，是节日、喜庆时必不可少且用来款待客人的佳品。制作青稞酒的原料是青稞和酒曲。青稞酒是以高原特有的青稞为原料酿造的。青稞是麦类植物之一，酿造青稞酒前，首先要选出颗粒饱满的上等青稞，淘洗干净后，用水浸泡一夜，再将其放在大平底锅中加水烧煮，火不能烧得过旺，边煮边用木棍不停地翻搅，便于锅中的青稞全部熟透。大约几个小时后，将煮熟的青稞捞出，摊开在已铺好的干净布上，稍晾一下，去除水气后，把发酵曲饼弄成粉末均匀地撒上去并搅动。撒酒曲时，青稞不宜太烫，否则容易变酸苦，也不易太凉，太凉的青稞发酵不好。撒完酒曲后将青稞装进坛子，用棉被等东西密封贮存。在夏天，一两天即可取出饮用。贮存期间，忌讳苹果等带酸性的水果，否则青稞酒会变酸苦。

酿好的青稞酒，饮用时，一般根据自己的喜好加水，分头道、二道、三道酒。第一次加水酿成的青稞酒叫头道酒，酒味特别浓，口味醇香，色泽黄里泛青；加第二道水后，浓度稍减，口味酸甜；加第三道水而成的青稞酒，清澈见底，浓度很低。过去拉萨一些大户人家喜欢酿制陈年青稞酒，把酒坛密封贮存几个月甚至几年，这种青稞酒酒味更浓。青稞酒是藏族节日生活中

青稞酒及传统酒碗

必不可少的饮品。

甜茶，藏语称之为“恰安莫”，是拉萨人格外喜欢的饮品，也是节庆日子必不可少的饮品。“恰安莫”属于外来饮品，它的传入有各种不同的说法，有的说是英国人带进西藏的，也有的说是从印度、尼泊尔传进来的。虽说法不一，但它早就被藏族人，尤其是拉萨居民纳入了自己的日常生活中。

做甜茶首先必备的是红茶，其他原料有牛奶或奶粉、白糖。制作过程：先将红茶装入特制的布袋中放入沸水中煮，在煮的过程中，需要用手提着布袋或水瓢在水中不停地搅拌，然后加入牛奶或奶粉，继续用瓢不断搅拌，最后加入白糖，搅拌均匀，待茶煮开即可饮用。甜茶因不同的原料及经验，其味道也会有所不同。藏历年期间，拉萨居民走亲访友，一般要设两顿宴席，即午餐和晚餐，两席之间，在下午三四点，主人会给客人敬上可口的甜茶、零食和饼干。

“雪”，即酸奶，是过年期间主人对客人招待美食，也是平日里藏族人最喜爱的奶制品之一。

酸奶分两种：“达雪”和“饿雪”，前者是用已提炼过酥油的奶制作的，后者是用未经提炼过酥油的奶制作的，其原料是新鲜牛奶。制作方法：将牛奶倒入锅内，加热到一定温度，然后熄火冷却，倒入容器内，加入少量酸奶做发酵剂，放上1～2天，酸奶即成。吃时可加白糖，量以个人的口味而定，也可以不加。酸奶既可当饮料，又可当副食，每逢戒荤放生、朝佛行善的宗教节日，如藏历正月的“传昭大法会”，藏历六月四日“竹巴次西”，尤其是藏历四月的“萨嘎达瓦”，“雪”便是人们首选的午餐或晚餐佳品。吃时用勺子盛到碗里，放入白糖，边吃糌粑坨，边用勺子搅动着喝，喝完时，人们喜欢用舌头舔干净。另一种吃法就是直接把糌粑坨或干粮掰成小块，放到盛着酸奶的碗中，用勺子搅着吃。

清茶，藏语称为“恰当”（ཇ་ཐང་），制作方法极为简单。将砖茶深煮久熬成汁后，滤掉茶叶，倒入容器里待用。做清茶时，取一点浓茶汁倒入壶内，加入开水，再加少量食盐，搅匀即可。

每年农活繁忙的春耕秋收时节，或出门朝拜的时候，人们可以随时随地烧火熬清茶，饮用时可在茶碗里放一块酥油，边吹开浮油边喝。过去物资匮乏的年代，人们不易经常喝到酥油茶，清茶便是最平常的饮品。随着社会的进步、生活水平的提高、城镇居民已经改变了一天到晚离不开酥油茶的习惯，除了早茶必须是酥油茶，到了中午以后就喝清茶。过年走亲访友，清茶也成了很多人特别推崇的饮品。

如今，因物质条件的不断改善，啤酒、红酒、各种饮料也已成为过年必备饮品。藏族人民，尤其是年轻人的饮酒种类趋于多样化，除了传统的青稞酒，各种品牌的啤酒、红酒都成为逢年过节不可或缺的佳品。

一般情况下，年前筹备酒水，招待客人的各种食品、菜肴等需要7天左右的时间。当一切筹备工作就绪，按照传统，年前还有一个重要仪式，那就是藏历十二月二十九日的“古恰”。“古”指二十九日这一天，“恰”为清除，意思是新年前的大清扫。这一天，首先将屋前屋后打扫干净，在灶房墙上用糌粑或干面粉画上吉祥图案，到了下午就开始准备煮“古突”。“古”为九，“突”为“突巴”，即煮熟的面疙瘩。“古突”是用面疙瘩、肉（牛肉、羊肉均可）、萝卜等9种材料煮成的面食。煮面时要放具有各种象征意义的面型，如太阳、月亮、经书、多菱角等，寓意威严、声誉、智慧、伤人等；还要放进一些体积稍大一点的面疙瘩，里头分别包进石头、辣椒、羊毛、木炭等，其寓意分别为：石子预示心肠硬，木炭表示心黑，辣椒表示嘴如刀，羊毛说明心肠软。晚上，一切准备就绪

“雪”

后，全家人按辈就座，开始吃“古突”，首先给每人盛上一碗“古突”，随“古突”倒入象征意义的面型，吃到这些东西的人，都要即席捞出，以助“古突”之兴。近年来，人们把这种习俗改革为包纸的做法，将象征物种的名称写在纸上，然后包于若干面团里。

吃完“古突”后，家家户户开始驱鬼仪式。每个人首先要捏一小撮糌粑从头碰到全身，尤其是身上有病痛之处，在糌粑上一定要留有手印，放到事先准备好的一个破损的陶碗里，然后把吃剩的“古突”都倒入陶罐里，由男主人点着火把在屋内的各个角落转一圈，嘴里不停地喊着“滚出去、滚出去……”，然后把火把与陶罐一起丢到十字路口，以示将一年的不顺、身上的病痛及晦气全赶出家门。

除夕，也就是三十日是最繁忙的一天，这天先要把室内外打扫干净，然后铺上新的“卡垫”，门窗门帘都要挂上新的“香布”，到了晚上，在佛龛前和客厅的藏柜上摆放“切玛”“德嘎”“隆过”和酥油、砖茶、盐、青稞幼苗及各种糖果、干果、新鲜水果等。家门前要用石灰画上一个很大的吉祥图。

第二天，也就是新年的第一天早上，过去的习俗，第一件事就是要到河边背回新年的第一桶水，现在拉萨基本上没有背水的习惯了。清晨，家里主妇天亮前就要起床熬制“朱突”和“归丹”，是当日早上的食物，打好酥油茶，准备好青稞酒，然后到家门口或屋顶点燃柏香。待全部准备工作就绪，全家人身着节日盛装坐在客厅，这时，主妇按长幼顺序敬献“切玛”、青稞酒、“卓玛斋丝”及酥油茶，家人互致新年祝福，随后盛上“朱突”和“归丹”。在后藏及其他的地区，主妇将熬制好的“归丹”送到床前，家人在起床前要喝一碗“归丹”，然后起床吃“切玛”，喝青稞酒等。

“朱突”（གྲོ་ཐུག），意为“麦片粥”。制作原料：麦片、牛肉排骨。制作方法：年前把麦子用水泡胀，然后用石头砸扁，晒干待用。熬煮时在骨头汤内放肉和麦片一同煮熟即成。“朱突”是藏历新年初一早上必备的食品。

“归丹”（སྐོལ་བཙན），意为“酒羹”。制作原料：青稞酒、红糖、人参果、碎奶渣、糌粑。制作方法：首先将人参果煮熟，红糖打碎成小块，碎奶渣用开水泡浸，然后将酿好的青稞酒倒进锅里，烧开后慢慢倒入糌粑，搅拌成糊状，再放入煮熟的人参果和已泡浸的碎奶渣，最后放入打碎的红糖即可。

在后藏的日喀则市，大年初一早晨喝“朱突”，有一个惩罚制度，就是喝粥时，谁要是喝不完的话，不但要往他的头上倒麦粥，还要罚喝一大瓢青稞酒。

早上9点左右，邻居街坊间开始互拜新年，每家派两人代表家人去拜年，一人端“切玛”，一人提酒壶，挨家挨户祝贺新年，场面极为热闹。

从初二开始走亲访友，拜年做客，客人一进家门，互道“扎西德勒”，然后依长幼顺序主人将敬献“切玛”、青稞酒、“卓玛斋丝”及酥油茶。在藏桌上摆有风干肉、酸奶、炸牛肉等传统点心，及各种瓜果。这一天主人还要设两个宴席，即午、晚餐。在拉萨，新年宴席主要以藏餐为主，但也注入了很多现代因素，除了传统的藏餐，中餐、西餐及印度、尼泊尔菜肴样样俱全。

新年的宴席是丰盛的，准备的主食和菜肴以藏餐为主，如荤菜多以牦牛肉、羊肉及其内脏为原料，素菜则有菌类、各种蔬菜及奶酪类制品。其烹制有煮、蒸、炒、炸等方式。常见的主食包括“糌粑”“葱怕里”“罗阔馍馍”“夏馍馍”“夏怕里”等，常见的菜肴有“亚吉卡嚓”“赤巴卡嚓”“孜扎”“腊阔”“罗瓦喂玛”“夏金”“久玛”“酸萝卜喂玛”等。这些藏式主食和菜肴对原料的选取、作料的配制和烹饪的方法是非常讲究的，详情请看第二章传统家常食物和传统特色菜肴部分。

藏历新年从初一开始，一直到十五才算真正结束，其中初三还要在屋顶上举行“托索”仪式。在西藏，人们相信保护神常住自家屋顶，以保护全家人的安定与健康，它也阻止了妖魔鬼怪的入侵。所以，藏历新年的初三，人们在自家屋顶燃起煨桑，插上新的经幡，然后摆上各种美酒美食，欢歌笑语直至夕阳西下。过年的其他日子里，亲朋好友相互拜年，互相敬酒敬茶，大家分享着各家拿手的美食，酒足饭饱后围在一起跳弦子舞，在六弦琴的伴奏下，大家高歌“谐庆”，欢度新年。

二、“默朗钦姆”——传召大法会

“默朗钦姆”（སྨོན་ལམ་ཆེན་མོ）即传召大法会，始于1409年，是藏传佛教格鲁派创始人宗喀巴大师为纪念释迦牟尼神变降伏妖魔而创设的。民主改革前，传召大法会于每年的正月初四至二十五在拉萨举行。法会期间，来自哲蚌寺、色拉寺、甘丹寺的数千僧众聚集大昭寺祈祷诵经，讲经辩经，相法立宗，考取新的拉让巴格西学位。虔诚的信教徒们纷纷来添灯供佛，向众僧发放布施。

法会期间，大昭寺厨房为诵经的众僧供应酥油茶及“杏斋名达”，几十个年轻僧人抱着盛斋饭的木桶，在铁棒喇嘛的引导下，列队进入法会现场，将斋饭分盛于每个僧人的“措波”（僧人专用的木碗）中。手捧斋饭，僧人们开始诵经，祈求永世太平。同时寺庙厨房的大铜锅，为上万的僧人供应酥油茶，光是打酥油茶就有十几个壮小伙子，敬茶时就有十几个年轻僧人手拿装有酥油茶的茶壶，穿梭在数千僧众聚集的法会中间将酥油茶倒入僧人各自的木碗中。在法会上向僧众布施的人都能得到一碗“杏斋名达”，人们把它当成宝贝似的端着，带回家与家人共享。

“杏斋名达”藏语音译，意为“水果米粥”，类似祖国内地的八宝粥。制作方法：把米洗净放入锅中，加入凉水，煮至半熟，加入桃干、红糖、葡萄干等，搅匀后严盖锅盖，用小火煮1个多小时，在煮的过程中仍需搅拌几次，以免糊锅，当煮成浓粥后，盛入碗里，加入白糖即可食用。

三、“白拉日追”节

“白拉日追”节意为吉祥天母节，每年藏历十月十五日举行，对大昭寺的护法王尊吉祥天母进行隆重的祭供。关于这个节日的起源，民间流传着生动的传说：大昭寺的守护神母玛索杰姆有3个女儿。小女儿白拉细姆整天只知道玩，母亲让她帮捉母亲头上的虱子她都不肯，于是母亲咒她满身长虱子，后来母亲的诅咒应验，白拉细姆身上长满了虱子。二女儿东赞杰姆爱顶嘴，母亲咒她沿街乞讨，后来东赞杰姆的像被画在八廓街东南隅的石头上，靠自己乞讨和人们的供养为生，这尊像至今可见。大女儿白拉扎姆淫乱放荡，母亲咒她此生没有丈夫，即使有也只能一年见一次面，后来母亲的诅咒应验，白拉扎姆与大昭寺护法神赤尊赞相爱并结为夫妻后，白拉扎姆的母亲一怒之下将赤尊赞流逐到拉萨河南岸的赤尊曲林，从此，两人每年只能相会一次。节日由此而生。

每年藏历十月十四日，大昭寺的僧众将吉祥天母（白拉扎姆）像迎请到大昭寺顶圆廊下，于黎明时分淋浴。莫如寺的僧众举行隆重的祭神仪轨和会供。当天晚上，迎请天母像至释迦牟尼佛殿，与释迦牟尼佛对坐。十五日清晨，僧人们用头顶着天母像到八廓街。天母像来到八廓街东北的甘丹大经杆处，由拉萨土地神“恰次”从噶玛夏前来向天母敬献哈达，顶礼膜拜。此后逐次至八廓街东南与妹妹东赞杰姆相会，之后将天母像面朝拉萨河南岸的赤仆地，同时，赤仆地的僧人将赤尊赞的塑像面朝北，让白拉扎姆与赤尊赞相见。每年此时，贡塘寺的僧众将白拉扎姆像抬到赤角林与赤尊赞相会。

按照传统习俗，这一天，拉萨男士们将赐赠给各寺庙和尚、儿童、乞丐钱物，从“白拉日追”节后人们开始穿冬装。

俗话说，拉萨的“白拉日追”，雪巴的“甘丹安曲”。按照传统习俗，“白拉日追”这一天，雪城的老百姓一早前往大昭寺跟拉萨居民共同庆祝这一节日，随后，拉萨居民要邀请住在布达拉宫脚下的“雪巴”到自家做客，每家每户要准备“夏斋”招待客人。至于为什么在“白拉日追”这一天要吃“夏斋”，从民俗和宗教相关文献记载里无从查知和考证，也许是在缺衣少食的年代里，“夏斋”是用来招待客人的最好美食。

“夏斋”的做法极为简单，先把新鲜的酥油化热，也可用食物油，等油烧开，加入少许咖喱，咖喱事先要用凉水搅拌和成糊状，放入葱段，做成油咖喱待用；把切成块状的羊肉倒入锅里炒至半熟，加水焖煮，接着将事先煮成8成熟的土豆切成小块放入锅里，加入油咖喱、盐巴、生姜、茴香、丁香、胡椒等调料，搅拌煮熟后即成。上席时先将米饭盛入碟子里，上面加上土豆咖喱肉，撒上葱花。

四、“甘丹安曲”和“协木曲”

“甘丹安曲”（དགའ་ལྡན་ལྔ་མཆོད་）又名“燃灯节”，属全藏性质的宗教节日。藏历的十月二十五日是藏传佛教格鲁派祖师宗喀巴大师的圆寂日，1419年，藏历十月二十五日，宗喀巴大师在甘丹寺圆寂。为纪念这个日子，每年的这一天，藏传佛教各寺庙都要举行盛大的佛事活动，夜晚，各寺庙和家家户户的屋顶上、窗台上都要点燃酥油灯表示祝福超度，祭奠宗喀巴大师。塔尔寺是宗喀巴大师的诞生地，燃灯纪念活动更是比其他地方隆重得多，其内容也丰富得多。

“甘丹安曲”这一天，全藏僧俗各界都要吃“巴突”，又称“孃突”，表示对宗喀巴大师的悼念。相传，宗喀巴大师于藏历十月二十四日生病，二十五日圆寂。这时，出门在外的两位弟子正在途中露宿，吃“巴突”，获悉这一不幸的消息后，他们当即捏制泥灯，用酥油燃灯供奉悼念。此做法后来成为全藏僧俗民众共同的习俗。藏族人常说：“甘丹安曲燃在屋顶上，突巴帕突煮在砂锅里。”这句话反映了这一节日的具体仪式和内容。

“甘丹安曲”的“巴突”和藏历十月二十九日晚的“古突”是有区别的，虽然两者都为面疙瘩，但因“甘丹安曲”是悼念宗喀巴大师，所以在煮“巴突”时不会放人参果等9种材料，也无各种象征意义的面型。做出来的面疙瘩，不能是猫耳朵形状，直接做成小面团。制作原料：面粉、排骨、萝卜丝及盐巴。制作方法：将面和好，在骨头汤内煮熟，放些萝卜条再煮一下，然后加入盐巴即可。

“协木曲”是指藏历十月二十四日，宗喀巴大师生病的日子，也是他的弟子、色拉寺主持强钦曲结·释迦益西圆寂的日子。传说强钦曲结是第二次朝见大明皇帝后在返藏途中圆寂的，人们为了悼念强钦曲结·释迦益西，用牛羊脂油点灯。这一天色拉寺要举行隆重的祭祀法会，晚上，全城各个寺庙、每家每户都要在房顶和门窗上点燃酥油灯，八廓街香火缭绕，僧侣民众在大昭寺前燃桑枝叶、磕长头，并绕寺转经轮。

晚上，每家每户要喝“归丹”，又叫“羌归”，它是用青稞酒熬制的酒羹。“协木曲”喝“归丹”只是拉萨地区的习俗，至于为什么这一天拉萨居民要喝“归丹”，从民俗和宗教相关文献记载里无从考证，但有些专家推测，活佛圆寂是直接破出六道，进入极乐世界，而喝“归丹”是吉祥、庆贺的象征，故有庆贺之意。

五、“雪顿节”

“雪顿”（ཞོ་སྟོན་），意思是酸奶宴，“雪”即酸奶，“顿”为“顿莫”，宴会之意。

“雪顿”习俗起源于藏传佛教格鲁派最著名的寺庙之一哲蚌寺。根据史料记载，藏传佛教形成后，格鲁派规定藏历四月至六月的几十天内禁止僧人出门，要行长净，至六月底才开禁。解禁后正是水草丰茂、牛羊长膘的季节，僧人们纷纷出寺下山，世俗老百姓端上新鲜的酸奶敬献给他们，这就是“雪顿节”的来源。17世纪中期，“雪顿节”上开始增加藏戏表演，以后演变成全藏性的藏戏会演，西藏各地的几大著名剧团会聚拉萨演出藏戏，并形成了一套固定的节日仪式。

藏历的六月三十日，是传统的“哲蚌雪顿”。这一天在哲蚌寺背后的半山腰上举行晒佛仪式，同时表演藏戏；从藏历的七月一日起，来自各地的剧团在罗布林卡、龙王潭进行藏戏表演，拉萨广大市民穿上节日盛装，带上吃喝用品，齐聚在罗布林卡和龙王潭看演出、过“林卡”。

雪萨酸奶

“雪顿节”期间最受人们喜爱的就是白生生、甜丝丝的酸奶了，人们端上“雪萨”来招待亲朋好友。

藏区的“雪萨”较祖国内地的酸奶更酸，需要放白糖，边吃糌粑坨，边用勺子搅动着喝。另外，也可将酸奶拌饭吃，这种吃法藏语叫“雪斋”，其味道非常爽口、鲜美。还有一种吃法是将人参果煮熟以后和酸奶一起搅匀，再撒上白糖，藏语称“卓雪”。

六、“萨嘎达瓦节”

藏历四月，俗称“萨嘎达瓦节”（即氐宿月），是藏族传统的宗教节日。四月十五日，相传是佛祖释迦牟尼诞生、得道、圆寂的日子。这一个月，广大的僧俗大众进行各种佛事活动。传统上，“萨嘎达瓦节”期间要布施、传经、朝佛、戒荤、戒杀、放生，是一年当中宗教氛围最浓厚的月份。

如今，广大的佛教信徒们在整个四月里转经朝佛，吃斋行善，有的信徒吃斋前半个月，有的吃斋一周，但不管怎样，藏历的八日、十日、十五日，这三天不吃葱、姜、蒜、肉等。

“斋饭”藏语称“嘎塞”，也就是“素菜”，它是藏族饮食文化的组成部分。藏族人作为信仰佛教的主要信徒，一直受素食文化和素食观念的影响，很多藏族人成为真诚的素食主义者。

在斋戒和行善之月，最为常见的斋饭有“怕杂某古”“雪斋”“曲热馍馍”“雪国卡嚓”“色夏塞玛”“酸萝卜喂玛”“卓玛玛古”“邦浓玛古”等。这些传统食物的做法见于第二章传统家常食物部分内容。

除了“萨嘎达瓦”，在西藏地区宗教节日很多，如“默朗钦姆”“降古曲”“拉泼堆庆”等。在这些宗教节日里，拉萨的信教群众诵经、转经、烧煨桑，到各寺庙朝拜、上供，不杀生，禁肉食。

为了方便广大信徒，从八角街到林廓路的很多藏式餐厅在这些宗教节日及藏历每月的八、十、十五等吉日，在传承历史悠久的藏餐的基础上，推出了具有现代性的改良藏餐素菜。比如，“当藏卡嚓”“菜岗章菜”“磨如章菜”“哦笋章菜”“啦啦章菜”“雪丝喂玛”“珠玛珠阿擦让”“雪啦白宗”“当藏嘎塞”“啦松达喂”等。

“当藏卡嚓”藏文音译，意为“凉拌鲜奶渣”。制作原料：鲜牛奶、白醋、盐、干辣椒、“泼日”。制作方法：将鲜牛奶倒入锅里煮开，放入一点白醋使之变为鲜奶渣，再把鲜奶渣装入布袋，用两石板压紧后切片盛入盘里，加入盐、辣椒面、“泼日”，搅匀即可。

“菜岗章菜”（ཚལ་ཀང་སྒྲང་ཚལ་），意为“凉拌菠菜”。制作原料：菠菜、盐、胡椒。制作方法：将菠菜切开放入锅里煮熟后盛入盘内，把菜油烧开浇在菠菜上，加入盐、胡椒搅匀即可。

“磨如章菜”（མོག་རོ་སྒྲང་ཚལ་），意为“凉拌木耳”。制作原料：木耳、白糖、盐、葱、大蒜、姜、醋、酱油、辣椒面等。制作方法：将木耳倒入锅内煮熟后倒入容器内，加入白糖、盐、葱、大蒜、姜、醋、酱油、辣椒面搅匀后盛入盘里即可。

“哦笋章菜”藏文音译，意为“凉拌青笋”。制作原料：青笋、盐、葱、胡椒。制作方法：将青笋切成条状，放入少许盐巴腌制，把腌制好的青笋盛入小锅内，加入盐、葱、胡椒后排列盛入盘里即可。

七、“林卡”

藏历四月之后，也就是氐宿月后，便是一年中“林卡”游乐之始。“林卡”（གླིང་ཁ་），意为“绿洲”。按传统的算法，玩“林卡”的日子应从藏历五月开始算起，有五月十五的“赞林吉桑”、六月四日的“竹巴次西”、七月一日的“雪顿节”、七月中旬的“沐浴节”等。民主改革以后，除了传统的玩“林卡”日子，人们约定俗成地把公历的五一劳动节、五四青年节、六一儿童节、八一建军节、十一国庆节等算作过林卡日子的一部分，并把十一国庆节取名为“林秀”，意为林卡节结束之日。

过“林卡”这一天，拉萨民众身着节日盛装，带着青稞酒和酥油茶及各种美味食品来到林荫密布的罗布林卡、龙王潭、拉萨河边等地，搭起帐篷，尽情享受大自然，并邀请邻旁帐篷里的朋友尽情地饮酒、唱歌、跳舞，直到兴尽，个个都带着浓浓的醉意，才一路欢歌而归。

夏季里过“林卡”期间的主食、菜肴、点心、饮品花样繁多、味道极佳。除了甜茶、酥油茶、青稞酒等饮料，在第二章中提到的“月”、风干肉、奶渣、“夏怕里”、“夏卡嚓”“曲热”等美食也是必不可少的。此外，大家还会按照各自的意愿带些特意制作的食物，如“古秀怕里”（ཀུ་ཤུ་བག་ལེབ་），意为“苹果饼”。制作原料：苹果、面粉、鸡蛋、白糖。制作方法：苹果洗净去核切成片，鸡蛋磕入碗中，加白糖，鸡蛋打散以后加面粉揉成糊状，平底锅开小火，刷上一层薄油，将苹果片倒入鸡蛋面粉糊中搅拌，再放入锅中煎熟即可。

“布鲁”（སྦོ་ལུག་），意为“香酥麻花”。制作原料：面粉、鲜牛奶、白糖、酥油。制作方法：将鲜牛奶、面粉、白糖倒入大锅内充分搅拌均匀，然后倒入“炯东”内，炒锅放酥油，烧至酥油融化后，从“炯东”口慢慢挤出面糊炸成小麻花，小火慢炸，上色均匀即可。

“桑嘎帕里”（སྣང་གང་བག་ལེབ་），意为“千层饼”或“香酥饼”。制作原料：面粉、酥油、白糖。制作方法：先将白糖用搅拌机搅碎成白糖面待用，面粉跟水搅拌均匀，揉成光滑的面团，将面团擀成薄片，均匀地抹上酥油，然后把面皮折起来切成一块块，再压扁，一个个放入酥油锅中炸熟，最后在炸熟的千层饼上撒白糖面即可。

西藏的民间传统节日繁多，一年12个月，几乎月月都有节，如岁时年节、生产节日、宗教节日等等，节日之间的饮食菜肴交互重叠，除一些传统节日有特定的饮食习俗，如藏历新年初一早上的“归丹”“朱突”，“白拉

林卡

日追”节的“夏斋”，“甘丹安曲”的“巴突”等，我们很难对每个节日期间的饮食菜肴进行准确分类。节日中的饮食文化不仅仅是传统意义上的一种仪式，而且成为人们放下手头工作尽情欢愉的契机。不管是家中美食还是餐馆美食，都是节日必不可少的一大组成部分，而各种节日也成为饮食文化传承的最佳载体，使得藏族饮食在经久流传的过程中保持自身特色。

第四章
DI SI ZHANG

拉萨茶文化

“坐上了火车去拉萨，去看那神奇的布达拉，去看那最美的格桑花呀……”很多人无意中听到了这首歌，从那一刻西藏便成了人们朝思暮想的地方。很荣幸的是，很多热爱西藏的人们在有生之年来到了这里，被藏族人的热情感染，被博大精深的茶文化所吸引，甚至弥漫在空气中的茶香将他们留了下来。来过的，便不愿离开；已走的，心仍在。

第一节 茶的溯源

由于高原地势，藏区原是不产茶叶的，但随着多元文化的交融，茶的需求量在藏区逐渐提高。如今茶叶早已遍布于藏区的每个家庭，成为大家日常餐桌上的必需品，甚至形成了自己独特的茶文化。我国种植茶叶的地方很多，很多地方因为茶叶而闻名，像我们所熟知的信阳毛尖、西湖龙井、洞庭碧螺春以及祁门红茶等等，茶叶带给他们的影响深远。同样，当提到拉萨时，大家脑海里首先想到的是酥油茶和甜茶，这两种茶深深地烙上了拉萨的烙印，是拉萨茶文化的典型代表。看到如今如此繁盛的局面，我们试着追根溯源，看看茶叶是如何传入西藏的，又是如何受到藏族人民喜爱的。

首先，从时间上来看，大致分为三个阶段，即茶叶初入西藏，茶叶走进上层社会，茶叶大批量进藏。在人们的认知中，茶叶初入西藏是在公元 676 ～ 704 年，但是英国权威期刊《科学报告》发表的文章指出：在西藏阿里地区噶尔县古如甲寺遗址考古发现 1800 年前西藏古象雄王国时期，茶叶就已经被输送到海拔 4500 米的阿里地区。有关专家认为，西藏阿里出现的古象雄时期茶叶残渣这一发现证明了茶叶是在唐朝之前进入青藏高原的事实。在 5 ～ 7 世纪间，随着唐朝与吐蕃的文化交流与贸易交流的深入，茶叶随之渐渐被认识。第二个阶段是唐德宗时，藏族人民真正认识了茶，茶也由此走进了西藏上流社会的生活中。第三个阶段是晚唐时期，唐朝的丝织品和茶叶与吐蕃的牛马交换，茶叶开始作为商品进入西藏，而随着茶马互市的进行，茶叶以大批量的形式运往藏区，解决了藏区人们购买茶叶难得的问题。清初“茶马互市”制度建立，从此，茶叶源源不断地输入藏区。最开始，茶叶的传播速度很慢，时间跨度也很长，直到晚唐时期，茶叶的演变进程明显加快，最后进入到藏区的每户人家。

其次，从使用方法上来看，藏族对茶叶的使用经历了由不了解到初步认识到利用形式的多样化的发展过程。吐蕃军队在攻占唐朝部分地区时，抢夺了很多茶叶回来，当时只是把茶叶带回来而已，并没有学会如何使用，甚至不知道如何使用，因而，在初期茶叶只是被当作战利品存放起来。在此期间，吐蕃人把茶叶当成是保健药物，用它来养生、治病。吐蕃赞普都松布杰患病时，一只小鸟衔来了茶叶，使用之后他发现有养身的功效。由此可见，早在5世纪以前，吐蕃社会还没有饮茶习俗，茶叶作为一种珍贵的保健药品而被王室所珍藏，也只有个别人才会食用。这个阶段虽然人们对茶叶认识不多，但已经开始利用，并且见识到了茶叶的功效，只是没有把它发挥到极致而已。如果说在7世纪以前藏族对茶叶的利用仅仅停留在浅表层的话，那唐开元之后的阶段对茶叶的利用便得到了升华。因为祖国内地多有盛产茶叶之地，所以，他们对茶叶的利用比较成熟，祖国内地的僧人通过自己的身体力行，让煮茶、饮茶之风得到了传播。不过需要注意的是，这个时候传播的范围比较狭隘，仅仅是在僧人之间和藏区的上流社会传播。一来是因为这个时期拥有茶叶的人不多，二来是僧人的活动范围有限，传播力度不强。不过，当时的藏族已经认识到了茶叶的巨大功能，并能够正确利用。

最后，从人们的态度上来看，茶是一步步走进藏区的家家户户的。对一个新事物而言，一个人说好并不能引起大家的共鸣，只有一传十，十传百，这样传递下去，让更多人知道，才能让新事物得到广泛的认识并利用。同样，茶叶在进入藏区的道路上依然经历了困难险阻，最后才走进了大众生活，走进了人们的视线。茶叶最开始以战利品的形式传入藏区，人们对它并不了解，没有太多的认知，这个时候的态度是模棱两可的。直到松赞干布之曾孙都松布杰在位时，对它的态度才有所改变，茶从不被熟知到被利用，人们的态度发生了巨大的改变。而最大转折点是在唐开元后，藏区人们开始煮茶、饮茶，这也是饮茶之习的开始。人们开始意识到茶叶的妙处，随之茶叶开始被大量带入藏区供更多人使用。见识到茶的巨大功能，为了充分实现其价值，藏族人民开始深入挖掘利用，在随后的日子里，他们对茶叶的态度由喜欢，到热情，再到依赖。

第二节　不可或缺的茶

来到拉萨，你可以不看美景，但不能不品茶，街道两旁遍布着各式各样的甜茶馆。一入拉萨，这些甜茶馆便映入眼帘，它们就像是拉萨的标志一样，属于拉萨特有的文化。其实，拉萨本身是不产茶的，因为受气候条件和地理位置的影响，这里不能种植茶树，但并不代表拉萨人不爱喝茶，他们不但爱喝茶，更视茶如珍宝。有一句话很贴切地形容拉萨人和茶的关系，那就是“饭可一日不吃，茶不可一顿不喝”，可见，茶已经深入拉萨人的生活，形成了独特的饮食文化。

一、对食物的追求成就了茶

拉萨位于西藏中部稍偏东南的位置，特殊的地理位置让她具有“辐射强、日照时间长、气候温差大”等特点，也因此被冠上“日光城”的称号，这种气候条件和地理位置让本地所产的可供食用的食物很单一。但拉萨人并不因此而安于现状，而是积极地开发出更多的食物，满足日常饮食需求，也丰富了拉萨的饮食文化。在广袤的西藏高原，糌粑、酥油茶、甜茶、奶渣、青稞酒、牛羊肉等是藏族人民的传统食物，流传至今，而酥油茶和青稞酒成了拉萨的标志性食物。

青稞，也被称为稞大麦，是西藏主要的农作物，也是构成藏族人日常饮食的重要组成部分。青稞也是做糌粑的主要原材料，是藏族人最传统的饮食，也是他们饮食文化的标志。通常，青稞被磨成面，炒过之后或配上酥油茶吃，或做成糌粑供食用，前一种吃法很简单，就是把青稞面放进酥油茶里，先把茶喝掉，最后再用勺子搅拌，把它们吃掉，这通常是藏族人的早餐，看似很简单，实则营养价值很高。拉萨人一般早上都会喝一杯酥油茶，吃一些青稞面，或者糌粑，因为本身青稞的营养价值就很高，再加上营养丰富的酥油茶，这顿早餐足以补充能量，让身体充满活力。

青稞

酥油茶，顾名思义，是由酥油和茶共同搭配调制而成的一种茶。酥油是从牛奶中提炼的粗制奶油，西藏高原适合放牧，牛羊成群，自然是生产奶的好地方，这里的奶和奶制品也远销国内外很多地方。因而，提炼酥油自然不是难事，人们通常会提炼很多酥油，要么作为商品销售出去，要么加工成酥油制品，以更高的价格贩卖出去。此外，酥油的主要用途是供家里日常使用，藏族人用酥油制作出很多可口的点心和饮品，在藏族人家里总能找到跟酥油有关的食物。酥油的使用方法很多，最常用的便是跟茶结合，制作出美味可口的酥油茶。酥油茶的制作方法也很简单，那就是先烧一壶清茶，这里常用的茶是砖茶，烧开之后加入些许酥油，充分搅拌均匀即可食用。每天早晚喝一杯酥油茶，可起到御寒、提神、醒脑的功效。酥油是藏族

酥油

人自产的食材，可以说藏区遍地都是，但与茶相结合后，提升了酥油的利用价值，也多了一份美味营养的食物。在没有遇到酥油之前，茶只是食物的调味剂，而酥油也只是一种可供使用的奶制品。与其说茶是调味剂，不如说它是酥油的最佳拍档，两者相互配合、相互作用，才成就了美味的酥油茶。

对于藏族人来说，最幸福的事儿莫过于大块吃肉，大碗喝酒，藏族的老老少少都能喝酒，也喜欢吃肉，这跟他们的地理环境有着莫大的关系。首先，西藏高原，草地肥美，适合放牧，几乎家家户户都养很多牲畜，可供过年过节食用或者招待亲朋好友。藏族人对远道而来的客人很热情，每每遇到有贵客来访，都会盛上上好的牛羊肉，以表达最尊敬客人到来的喜悦之情。其次，因为海拔比较高，昼夜温差大，气候变化明显，所以，考虑到御寒的目的，藏族人要多吃肉，以补充身体所需要的热量。最后，因为食物结构单一，他们可使用的食物有限，所以，要充分利用现有的食物。藏区分布着好多民族，受饮食传统和信仰的影响，每个民族都有自己的食物禁忌，再加上种植植物有限，造成藏区人没有更多的食物可吃，饮食结构比较单一。肉虽然有丰富的蛋白质，也能补充很多热量，但肉不易消化，再加上没有多种蔬菜搭配食用，如果不运动的话，很难消化。除了不易消化，肉是非常油腻的，而藏族人吃肉通常讲究原汁原味，所以，藏族人配着清茶来吃，有利于促进食物的吸收，而且，茶还有去油腻的功效。由此可见，藏族人很会享受食物，也会灵活地优化食材，让自己的饮食结构变得丰富多彩。

二、有茶的日子便是幸福

藏区虽然不产茶，但藏族人很爱喝茶，茶是他们生活中的一部分。普通百姓视茶为日常饮食的一部分，早中晚各喝一次茶，甚至有些人喝四五遍茶。早晨喝酥油茶，搭配炒面同食，一顿营养价值早餐即是一天活力的开始。中午喝清茶，一来可以当饮料使用，二来清茶有去油腻的功效，跟丰富的午餐一起使用，既健康、美味，又吃得满足。晚上更不能不喝茶，一家老少围坐在一起，边喝边聊，或闲谈生活琐事，或展望未来的幸福生活，或跟子女交流心事。茶是口渴时的饮料，是畅聊时的催化剂，是御寒提神的兴奋剂。茶不仅影响着普通人的生活，还是寺庙里的必需品、僧人们的必修课。首先，寺庙里每天都会烧茶供僧人们和前来祭祀的人喝，茶是止渴的最佳饮品之一，且酥油茶能补充体力，还有充饥的作用，也是藏族人最喜爱的饮料之一。其次，僧人们早中晚 3 次集体饮茶，在每次诵经完毕之后，会一起喝茶，这成了他们的必修课，因为他们认为茶有提神的功效，为了督促僧人们虔诚地诵经，便命令他们多饮茶。最后，遇到大的节日或者庙会，前来祭祀的人很多，茶更是不可缺少的了，且供应的量很大。平常的日子不可少茶，劳动时更不可无茶。以前，每逢春种秋收，农民们用 3 块石头垒起灶，架锅煮茶喝，以便驱乏解困。现在，随着生活条件的好转，农民依然饮茶，只是，不再用这种传统的方式喝茶，而是在家煮好带到劳动的地方。

茶更是衡量一个家庭是否富裕的标准，也是判定这家人是否热情的标准。藏族是一个热情的民族，他们对待客人很热情，也很讲究，对远道而来的客人都会先斟上一杯好茶，并在客人喝完茶之后继续斟满。藏族有个说法，那就是给客人使用的茶碗必须干净整洁，无破损，要时刻保持杯内茶的充盈，拿最好的茶给客人喝。有人说，评定一家人是否富裕，就看他们给客人喝的茶，茶越浓，说明这家人越富有，相反，这家人则很穷，要么就是非常小气。由此可见，茶是衡量一个家庭生活质量的标准之一。现在观念发生了改变，很多人去甜茶馆喝茶并非真的是家里穷，而是在乎那份意境。

来往于甜茶馆的人很多，有些甜茶馆有着固定的食客，这些人闲暇时都会来到甜茶馆，点上一杯甜茶，悠闲自得。或看着窗外远处的美景，享受这片刻的惬意；或与人一起谈天说地，享受交流带来的欢快；或静静地坐在那里，细细地品味甜茶，享受茶之香。生活就是这样，或悠然自得，或奔波忙碌，但无论你处于什么样的状态，食物都是最好的陪伴和呵护。对藏族人来说，开心时要喝甜茶，不开心时更要喝甜茶，因为，有茶的日子便是幸福。

三、茶礼节深入人心，茶文化得以传承

藏族是一个非常讲究礼仪的民族，尤其是在茶礼节方面，更是做到了极致。首先，藏族人敬茶很有讲究，分老幼尊卑。敬茶时首先敬给长者，以此类推，这样尊卑有序的敬茶礼节彰显了这个民族的礼仪文化。其次，给客人敬茶也很有讲究，一定要用好茶。对于藏族人来说，最常用的是酥油茶，

用酥油和上好的茶调制而成的酥油茶，是主人对客人表达尊敬的最好方式。通常藏族人家里的火炉上都会煨着一壶茶，时刻保持常温，以便给客人食用。他们常说，来到家里便是客，一杯酥油茶便会恭恭敬敬地送到客人的面前。并且，对客人敬茶也很有讲究，比如，家里请僧人来念经，都会特意购置一套茶具，这些茶具只能僧人用，家里人不能用，以此来表达对诵经僧人的尊敬之情。最后，茶更是化解距离和尴尬的最好武器，走亲访友时茶是不可或缺的礼物，礼尚往来能拉近人与人之间的距离，而茶是最好的调试剂。

茶不仅是拉萨人日常饮食的一部分，也为其文明的发展注入了新鲜活力，茶文化更是得以世代传承。当亲友远行时，藏族人都会去送行，为即将远行的亲朋好友献上一条哈达，递上一杯酥油茶，寓意是一帆风顺。所以，在车站或机场，人们为即将离别的亲友敬一杯酥油茶或甜茶作为送别之礼。这是藏族古老的文化，由茶而延伸出来的文化，至今依然存在，这也是文化传承的一种表现。另外，茶也是探访亲友的好礼。新生儿降生的第二天，亲友们会带上酥油茶为之祝贺；探望病人时，带上一壶浓香的酥油茶或甜茶，让冷清的病房充满温情，给予病人心灵上的抚慰。这些历久传下来的茶文化是藏族人所特有的。

酥油茶

不可或缺的茶，影响着拉萨人日常的饮食生活；包含了浓浓的礼仪、礼貌涵养；构成了丰富的饮食文化。对藏族人而言，茶要喝，更要多喝，每日3遍茶，拥有好气色。生活是恬静舒适的，有茶的日子便是幸福。

第三节　特色茶饮

拉萨人喜欢饮茶，但茶的种类并非一种。茶分为酥油茶、甜茶和清茶。酥油茶是家庭常备早茶，搭配糌粑，营养价值高又可口；甜茶是聚餐时的必备品，也是幼儿、青年至老人们都爱喝的饮品。拉萨茶馆的每日早晨或中午必会有众人兴致满满地喝着甜茶交流着各自的欢乐生活或讨论着国内外大事。而清茶常被肠胃不好或口味清淡的人们当作酥油茶的替代品，喝时搭配糌粑或者点心。

一、选好茶叶才能煮好茶

茶叶的种类很多，不同地区生产的茶叶在口感、色泽和功效上都有差别，所以，煮茶之前先选好茶叶，这样方能煮好茶。藏族人有自己特有的选茶之道，他们不爱上好的毛尖，也不爱清新自然的西湖龙井，唯独喜欢枝大叶大的大茶和砖茶，像安多藏区多饮大茶，对产自湖南益阳的砖茶也很欢迎。所谓砖茶，即是以茶叶、茶茎，有时还配以茶末压制而成的块状茶，一般来说体积很大。正是因为这个特点，才便于长途运输。从祖国内地到藏区有很长一段距离，这种茶对运输要求限制不多，便于运往藏区，这也是藏族人喜爱此茶的原因之一。砖茶根据原料和制作工艺的不同，可以分为黑砖茶、花砖茶、茯砖茶、米砖茶、青砖茶、康砖茶等几类。藏族人根据它们的特点来熬制出不同的茶，清茶和甜茶所采用的茶叶就不同。

第一，藏族人对砖茶情有独钟的原因。

上面我们也提到了，因为砖茶体积大，挤压结实，非常适合长距离的运输，但这只是藏族人喜欢砖茶的原因之一，还有其他原因，加起来促成了藏族人对砖茶的情有独钟。其一，受饮食文化影响，砖茶更能俘获人心。藏族人喜欢吃肉，几乎每天每顿都有牛羊肉，这也跟这里生产牛羊肉有着莫大的关系，肉也可以提供足够的热量和能量，让牧民们更有力气去劳作。然而，肉不易消化且很油腻，砖茶有去油腻、助消化的功效，它自然而然成为茶饮的首选。其二，补充缺失的营养，让营养均衡。西藏受气候条件的限制，蔬菜不易种植和生长，所以，对藏族人来说很缺乏蔬菜所含有的维生素，虽然通过食肉可以补充蛋白质，但维生素很难获得，而喝茶可以补充维生素和微量元素。其三，大茶和砖茶更适合与这里的传统食物、自产的农作物相结合，发挥出巨大的作用。比如，酥油和茶相融合，制作出美味的酥油茶，营养丰富、口感好，成为藏族人的最爱。

第二，不同的茶对茶叶的选择不同。

清茶是藏族人民生活中最常见的茶，如果说酥油茶是高档奢侈品，那么清茶则是低端消费品，几乎人人都能喝得起，家家户户都会煮清茶待用。所以，一般藏族家里都会煮清茶，要么是搭配食物来吃，最常见的是清茶配糌粑；要么是当作饮料来喝，止渴、消暑、助消化。想要煮好清茶，得先选好茶叶。清茶不同于其他茶，它对茶叶没有太多的讲究，一般来说它所选用的茶叶是黑茶，就是黑砖茶，煮出来呈深褐色，适当加点盐，味道好极了。需要注意的是，黑茶是越陈越好，放置的时间越久口感越好，所以，藏族人家里多喜存茶。

我们喝到的酥油茶都比较浓，除了加有酥油的原因，还有就是煮出来的茶汁就很浓，这样跟酥油搅拌之后，才能有浓郁的口感。通常，酥油茶选用的是茯砖茶，它也被称为发酵茶始祖。因为这种茶也有好坏之分，所以，在选购时，要从其色、香、味、形上来判断。茯砖茶的制作方法也很有讲究，一般从筛选茶叶开始到初期压制，再到蒸发晾干，加以包装，最后以商品形式销售出去。

甜茶馆是拉萨的一大人文景观，甜茶也是藏族人最爱喝的茶之一，几乎每个拉萨妇女都会煮甜茶。甜茶不同于以上两种茶，它不选用砖茶或者大茶而是选用红茶，之所以选用红茶是有原因的。一来，甜茶是从西方传过来的，有人说是受印度和尼泊尔的影响，并非拉萨本土的饮食，所以，几乎保留了

仓姑寺茶馆

原来的做法，但味道上却与外国有些不同。二来，红茶煮出来颜色发红，再加上鲜奶和糖，味道香甜可口，营养丰富。所以，从甜茶传入拉萨开始，基本上保持了原有的原料，即红茶、鲜奶和糖，而红茶的选择极为关键。有人说选不出好的红茶，总觉得欠了点味道，其实，选购红茶时最重要的是要品，一般看干茶是不容易看出好坏的，除非你经常接触红茶，对它有很深的研究。

二、传统的酥油茶

酥油茶是拉萨人特有的发明，自家提炼的酥油配上熬好的茶汁，就是美味的酥油茶。酥油茶也是藏族非常传统的饮食，虽然饮食文化在改变，但酥油茶的地位有增无减，不但拉萨人依然挚爱，很多入藏来旅游的游客也是为了喝一碗酥油茶，可见，酥油茶的魅力很大。藏族人喜爱喝酥油茶也是有原因的，酥油的营养价值很高，《青海特产风味指南》中指出：酥油的脂肪含量高达 80% ～ 90%，并含有蛋白质、钙、磷、铁、维生素 A、核黄素、烟酸等成分。每市斤酥油在人体中所产热量可达 4000 卡上下。这对于高原的藏族人来说，无疑是补充身体所需热量的最佳方法之一，尤其是早上，一杯酥油茶加上一些炒面，就成了一顿营养丰富的早餐。酥油茶不但营养丰富，还能预防高原反应，所以，一般前去西藏旅游的人，导游都会建议大家多喝酥油茶。

酥油茶壶及木茶碗

（一）酥油茶的传说

藏族爱好酥油茶，有一则流传民间的爱情故事讲述了酥油茶的来历。传说，藏区有两个部落，曾因发生械斗而结下了冤仇。辖部落土司的女儿美梅措，在劳动时与怒部落土司的儿子文顿巴相爱，但是由于两个部落的冤仇，辖部落的土司派人杀害了文顿巴。当怒部落为文顿巴举行火葬仪式时，美梅措跳进火海殉情。双方死后，美梅措到祖国内地变成了茶树上的茶叶，文顿巴到羌塘变成了盐湖里的盐，每当藏族人打酥油茶时，茶和盐就能再次相遇。这则由茶俗引发出的故事，具有极强的艺术感染力。

（二）酥油茶的原料和做法

制作酥油茶，还是要掌握一些技巧的。第一，需要准备好食材：酥油、砖茶、盐。这里需要提醒的是，藏族煮茶喜欢放盐，在煮好的茶里加入少许盐，味道会别有一番风味。去过西藏旅游的人都知道，即使是同样的茶叶，煮出来茶的味道也会有所不同，除了跟火候控制有关，还有就是在茶里加入了盐。第二，食材准备好后就是制作酥油茶。首先，把一定量的茶叶放入锅中烧开待用，煮到什么程度算可以呢？在熬制酥油茶的茶汁时，等到茶水变黑为佳。所以，当你看到茶水变成黑色时，就请关掉火，把准备好的盐和酥油放进去，然后用力地搅拌，如果有电动搅拌机更好，这样省得你花费力气了，因为酥油跟茶水很难融合。所以，需要花费点力气来搅拌，这样最后制作出来的酥油茶才好喝。随着现代文明的发展，传统的制茶工具已经渐渐被淘汰，取而代之的是新型工具，它们的工作效率更高，操作简单、省时间。第三，做好的酥油茶可以直接饮用，也可以放着等需要时再加热。一般来说，每个藏族家庭都会做酥油茶，除了自己食用，也用来招待来访的客人，因而，他们通常会一次性做很多，平时加热食用。

（三）喝酥油茶的礼节礼仪

喝酥油茶也是很讲究的，第一次去藏族家里做客的人如果事先没有了解过它会闹出不小的笑话。藏族人是非常热情的，对待前来的客人，会拿出最好的酥油茶来招待，客人也要以礼相待。当主人把酥油茶恭敬地送到你面前时，你也要用双手接住，不要立马喝掉，要放置一下，跟主人聊一会儿，然后再喝。如果觉得好喝，还想要续杯的话，就留一点酥油茶在杯里，主人领会到你的意思后，就会继续添茶，直到你喝够为止。藏族的热情之处就表现在细节里，就比如续杯这件小事，主人看见客人杯里所剩无几，就会主动续杯，时刻保持杯内酥油茶的充盈，好客之道可见一斑。需要注意的是，一般喝 3 碗为佳，不能一口气喝完，喝完之后最好要赞许一下，以表达对主人的尊敬。

（四）酥油茶的营养成分

砖茶含鞣酸，鞣酸会刺激肠胃蠕动加快消化，单喝极易饥饿，必须加酥油或牛奶。酥油茶具有极高的热量，甜甜咸咸的，有比较浓的奶味，对缓解高原反应、补充体力很有效。

（五）酥油茶的主要功效

8 世纪，藏医学家宇妥·云丹贡布在他所著的《四部医典》中就论述了酥油对人体的营养作用，“新鲜酥油凉而能强筋，能生泽力又除赤巴热”，即是说新鲜酥油润泽气血，精力充沛，使皮肤不粗裂，还能治疗黏液及发热性疾病。酥油可“益智增热力”“可促进人的体力及延长寿命”。“人们日常饮食靠油类，体内供热内脏可洁净。体质既补气力容颜添，五官坚固长寿到百年。”藏医学认为，在高寒缺氧环境下多喝酥油茶能增强体质，还可滋润肠胃，和脾温中，润泽气色，充沛精力。酥油茶能产生很高的热量，喝后能御寒，是最适合高寒地区的一种饮料。

酥油茶里的茶汁很浓，有生津止渴、提神醒脑，防止动脉硬化，抗老防衰，抗癌等作用。茶中的芳香物质，还能溶解脂肪，帮助消化。以前，生活在西藏高原牧区的藏族百姓，缺少新鲜蔬菜和水果，主食基本就以牛羊肉为主。牛羊肉属于酸性食物，经人体消化后会产生一定量的氢离子，它会使人体血液偏酸性，出现胃酸过多、便秘、疲劳等症状。大量饮茶后，在人体内可产生一定量的氢氧根离子，这能使人体内的酸碱维持平衡。另外由于缺氧，高寒地区的人排尿量要比平原地区人的排尿量多一倍，因此，只有靠饮茶来维持体内水分的平衡和正常的代谢，并且饮茶可以补充缺乏的维生素。所以，藏族人民将酥油与茶同饮，为自己提供了一种简便有效的防病保健法。

三、回味无穷的甜茶

来到拉萨就不能不喝甜茶，不只是要品其中的味道，更要品其中的意境，可能你在祖国内地也经常喝甜茶，但此甜茶非彼甜茶，不但味道不同，意境也不同。所以，不妨亲身感受一下，拉萨甜茶的独特味道，保证让你回味无穷，喝过便不会忘记。甜茶虽不是藏族人发明的，但它却在这里发扬光大，藏族也把它视为生活饮食中不可或缺的饮品。如今甜茶馆在拉萨非常普遍，大街上随处可见的甜茶馆，被拉萨当地人和外来游客挤满，每天客流络绎不绝。甜茶今天所受到的待遇受多种因素影响，既有独特的饮食文化在里面，又有历史因素的影响，还有旅游业发达所带来的影响。

拉萨甜茶，流传至今已有上百年的历史，早已成为拉萨餐饮文化中一道亮丽的特色饮品。拉萨甜茶因其浓香扑鼻、味道香甜可口，深受人们的喜爱。

（一）甜茶原料和做法

甜茶的制作过程并不复杂，用料也很简单，主要就是牛奶、红茶和糖。茶叶是用内地产的红茶；牛奶有用鲜奶的，也有用袋装奶粉的；糖一般用白砂糖，红糖或冰糖也可，依个人口味喜好而定。

甜茶馆中的做法主要是用红茶和奶粉，适量加入白糖调味。第一步是将 1 两左右的红茶装入特制的布袋中（装入布袋是为了过滤茶中的碎渣），然后把茶叶袋放入沸水中煮上 5 分钟左右。在煮的过程中，需要用手提着布袋在水中不停地搅拌，时间差不多后，挤干布袋中的水，倒掉袋中的残渣。第二步是加入奶粉。做一锅甜茶要 3 袋奶粉，总共重 2 公斤。将奶粉倒入搅拌

甜茶馆

机内，加入刚刚煮好的茶水，搅拌均匀后倒入锅内。加入奶粉后会有泡沫，需要用瓢不断搅拌，泡沫会慢慢减少。第三步是加入1斤2两左右的白糖，然后搅拌均匀。加入奶粉和白糖之后，一定要将茶水煮开，否则喝了容易肚胀、会不舒服。第四步是再新煮一次2两左右的红茶，时间在五六分钟。由于装红茶的布袋已经在滚水中煮过，而且非常烫，因此在挤布袋的时候有个技巧：一手提袋，另一只手握住瓢转动布袋，最后把布袋放在锅的边缘，用瓢挤压即可。甜茶一般都会装入暖水瓶中保温，以便随时取出饮用。

在拉萨街头来上几杯甜茶，享受悠闲时光的同时能够切身了解到藏民满足又勤劳的日常生活，为他们的质朴虔诚所打动。因此，拉萨的甜茶不仅是生活的一种调剂，更是一种质朴生活态度的返璞归真。大家赶快动起手，自己尝试制作一壶美味的甜茶吧。

（二）别有一番风味的甜茶馆

几乎藏族人家里都会做甜茶，都会煮甜茶来喝，那为什么还有这么多甜茶馆呢？甜茶馆在拉萨经历了大起大落，既有繁荣时期也有萧条时刻，但今天的甜茶馆依然还在，而且发展得更好。在过去，出入甜茶馆的人都被看作是不规矩的人或者是贫穷的人。所以，一般人不会去甜茶馆喝茶，吃饭。然而，随着时代的变迁，人们的思想逐渐解放，去甜茶馆的人也越来越多，你会发现，在很多家甜茶馆当地人占的数量较多，其次就是来往的游客，他们进来一品甜茶的风采。甜茶馆没有花哨的装饰，不像祖国内地的茶馆，在装饰上很下功夫，这里的甜茶馆只是摆放一些必备的用品，看上去简单、单调，但又不失内涵。这些并不影响前来喝甜茶人的热情，每每去茶馆，都能发现座无虚席的现象。有些来这里喝甜茶的人并非家里没甜茶，来这里也只是为了寻个乐子，或找人聊天，你经常可以看到人们三五成群地坐在一起拉家常、谈国家大事，所以，这里也常被称为新闻发布中心。

来甜茶馆的人各式各样，可能他们的目的不同，但都能在这里找到自己想要的东西。来拉萨观光的游人，会进来喝杯甜茶，可能他们就是为了找那种感觉——拉萨特有的甜茶文化和情趣，并非为了喝茶而喝茶，尝过之后才能满意而归；藏族当地人也会去甜茶馆，或为了找人聊天，或为了度过休息时光，藏族人很会享受生活，这里的生活节奏不快，脚步也没有祖国内地人急促，他们过着悠闲、自在的生活；肚子饿了更要来甜茶馆，这里有美味的甜茶，也有可口的食物，通常甜茶馆都会供应藏面、甜茶、酥油茶、咖喱饭、牛肉饺、牛肉包，另外还有汉式面条、炒饭、炒面等，应有尽有，可以满足各类人群的需求，所以，当你走累了，肚子饿了，不妨进来休憩一下，顺便解决饥饿问题。

（三）游客眼中的甜茶

如果你是初到西藏的游客，不妨到拉萨街头的甜茶馆里坐坐，甜茶馆是体验西藏特色习俗的理想处所。甜茶馆是藏族人民日常消遣的好去处，是高原古城最真实、最淳朴、最悠闲的休闲方式。漫步在拉萨的大街小巷，甜茶馆星罗棋布，飘香的甜茶不仅为当地群众所喜爱，也吸引了许多游客，古老的茶文化已成为“日光城”中一道亮丽的风景。

尽管古城正在发生着翻天覆地的变化，但是同成都的茶馆一样，拉萨的甜茶馆是怀旧的，泡甜茶馆已成为几代人生活中的一部分。与各种高档、豪华的茶园不同，拉萨的甜茶馆以它特有的方式延续着。草根化的甜茶馆里没有雅座，没有所谓的包间，大家一律坐在凳子上，甚至是一块破旧褪色的卡垫上，友善而平和地喝茶聊天，一杯相同的甜茶使大家找到了相互接近的方式。在这里，除了能品尝到特色小吃，还能结交许多新朋友，了解到各类信息。

茶客走了一拨又一拨，甜茶馆依旧延续着它的故事。这是一种传统，它的价值在于文化、在于特色。传统需要继承，但也需要不断丰富，需要体现出时代张力。所以，从发展的角度看，独特的也应是普遍的，传统的也应是现代的。甜茶馆要有更好的前景，当以茶本色立馆、以茶特色兴业，在此基础上，从其硬件装潢设计、环境布局、经营范围到软件服务质量、经营理念、扩张模式，都需在体现出浓浓"茶文化味"的同时，散发出清新宜人的现代芬芳，为传统茶文化注入更鲜活的时代气息。

四、日常所需的清茶

茶对绝大多数人都不陌生，对藏族人来说，更是必备的饮品。可一日无饭，不可一日无茶，这里的茶通常是指清茶。清茶的制作工艺很简单，只需要选用上等的砖茶加以熬制即可，唯一的不同就是藏族人喜欢放盐，可能跟当地的气候有关系，也可能是世代传下来的煮茶方式，根深蒂固的饮茶文化就这样被世代传承了下来。

藏族人煮茶喜欢用砖茶，这样的茶叶只有煮之后方能喝出味道来。他们煮茶有一个小小的习惯，那就是在茶里放少许的盐，加以调味，这样的清茶别有一番风味。这也是最简单的清茶，也是拉萨人日常食用的。此外，还可以加一些特别的东西，使原本的清茶多了一些味道和功效。

在此简单罗列一下几种特殊的煮法：第一种是煮茶时加入草果、姜片、花椒等一起熬煮，味道鲜美可口；第二种是将一种带有药味、细嫩的草叶（形似柳叶），炒成黄色，加入茶汁中久煮，俗称"荩荠茶"；第三种是奶茶，将鲜奶加入已煮好的茶汁中加热即可，其茶味鲜中带甜，可补充人体之营养。虽然这几种是有别致的煮法，但仍是万变不离其宗，只是对清茶的改良，最原汁原味的还是清茶。

第四节　茶具

对于藏族人民来讲，不但煮茶有讲究，喝茶时对茶具也十分讲究。常见的茶具有银碗、玉碗、木碗等。以前，不同阶级地位的人所使用的茶具不同，使用的茶具代表了使用者的身份，所以，人们会根据自己的身份和地位来选择茶具。然而，随着时代的发展，喝茶的茶具，吃饭的碗具，做饭所使用的炊具都发生了巨大的改变，以前民间饮茶都喜用木碗，而现在多用玻璃杯，这就是时代文明带给我们的改变，影响着我们生活中的点点滴滴。

一、藏区食器具的演变

食器具的演变离不开社会文明的发展和进步，人们对材料的认识和利用，对食器具的改变影响很大。在原始社会，人们只是简单用身体的四肢来作为工具汲取食物，比如，用手捧水喝，或者直接低头饮水，因为那个时候人们的思想很简单，意识不到要用工具来代替。随着人类的进化，人们开始意识到用现有的材料来制作工具，以方便生活，进而利用植物或者动物的某一部位。“用人的头盖骨制作的颅内供器，作为一种藏传佛教密宗所使用的一种法器至今还在沿用。”社会的进步，文明的发展，推动着食器具的发展，藏族人民的食器具也经历了木质器具到陶瓷器具再到金属器具的演变过程，直到今天我们常用的玻璃器具。走进现代的甜茶馆，你会发现桌上是玻璃杯，透明的玻璃杯看上去一尘不染，在阳光的照射下分外好看。尤其是加入甜茶后的玻璃杯更好看，而这种杯子的使用也能为甜茶加分，更符合现代人的饮食习惯。

二、藏族的茶具受藏文化的影响

茶具代表着礼节、礼貌。藏族人是非常讲究礼节的民族，所以，他们在给客人使用的餐具上也非常讲究。比如，当客人来家里做客，女主人一定会

镶银木茶碗

挑选一个没有缺口的杯子去清洗，清洁干净、整洁后，才会给客人斟上满满的酥油茶。如果杯子不干净或者有破损，就代表对客人的不尊重，由此便可以看出，藏族人非常注重细节。虽然生长在高原上的他们性格以粗犷著称，但在礼节方面却做到了极致，让其他人侧目，更值得其他民族的人来学习。我国本来就是礼仪之邦，礼仪文化源远流长，从古代文明到现代文明，历史一直在变迁，我们的文明也随之改变，但仍要把优秀的传统文化传承下来，并发扬光大。我国有 56 个民族，每个民族都有自己的文化，在文化上存在着差异，要秉承求同存异的原则，相互之间友好相处，更要学会扬其长避其短，吸收其他民族的优秀文化来充实自己。

受社会经济的影响，茶具在不断演变。古代，他们喜欢用木碗来喝茶，有些人认为木碗有解毒的功效，如果茶里有毒，木质碗会把毒素溶解，这样进入身体内的茶就安全了。还有一种说法是，木碗携带方便，因为是木材所做，材质比较轻，重量不重，所以，用完之后洗洗就能随身带在身上。以前，藏区人民大多以游牧为生，经常出去放牧一整天不回家，所以，携带一个木碗出门，渴的时候可以向别的人家借茶喝。随着生活水平的提高，他们的生活质量也不断提高，对茶的需求也发生了变化。以前喝茶可能是为了充饥，为了解渴，而现在喝茶是为了适应闲适的生活，所以，对茶具的要求也不一样了，但木碗依然是藏族人最青睐的茶具，尤其是在普通藏族家庭，仍然可以看到木碗的存在。

茶具的种类很多，对藏族人来讲，不同的茶应该使用不同的茶具。喝甜茶最好使用玻璃杯，在透明玻璃杯的映衬下，甜茶的颜色更好看。我们知道甜茶是以红茶为主要原料熬制而成的，所以，甜茶的整体色泽是偏红色，再加上鲜奶，会被稀释成一点红色，但整体来讲还是乳红色，如果用不透明的瓷杯或木碗来盛放的话，不能把那种颜色给反映出来，没有美感可言。相反，喝酥油茶时多喜欢用瓷杯，或者木碗，你去藏族人家做客，会发现他们用那种很传统的瓷杯给你盛酥油茶。之所以用瓷杯是有原因的，一来是因为他们所使用的瓷杯很有当地的特色，上面雕刻的花纹很有寓意，而且，用这种杯子能很好地反映他们的文化。二来，刚煮好的酥油茶很烫，用瓷杯盛放不烫手。他们的瓷杯不大，容量也不多，所以，如果你有机会去藏族人家做客的话，尽量喝3杯酥油茶，对主人来说是尊重。与前两者相比，清茶显得简单些，因为清茶很普遍，对他们来说就像是我们日常喝的白开水一样，渴的时候喝一杯来解渴，不渴的时候当作饮料喝，而这种清茶也被称为最天然的饮料。正是因为这种清茶很普遍，所以，他们在用的茶具上讲究不多，可能在古代还会分阶层来选择茶杯，现在则不然，随手拿一个茶具或者碗具就可以倒清茶喝。

茶具被包装，赋予现代气息。当你走进拉萨街头的甜茶馆里，你会发现桌子上摆放的是玻璃杯，玻璃杯的出现代替了以前的木碗和瓷杯，堂而皇之地在这里出现。这对外来游客而言，他们能够接受，因为，现在大大小小的茶馆、饭店都换成了这样的玻璃杯，干净、卫生。拉萨人在传承茶文化的同时也在与时俱进，用发展的眼光来看待问题，因为他们知道，拉萨迟早要走出去，外来的人要进来，为了更加友好和谐地相处，只有不断地适应彼此的需求，才能不断地完善自己。随着经济的发展，他们与外界的联系越来越紧密，一味地守旧反而不利于他们的发展。如果改变是向正确的方向的话，那就无可厚非，反而要给予极大的支持。时代在变化，人们的审美眼光也在变化，对事物的认识也随之改变，包装让事物更加迎合现代人的眼光。茶具就像是茶的包装一样，它的档次和品位直接影响到茶的档次和品位，所以，在选择茶具时要注意。同样的甜茶，在不同的甜茶馆里价格是不一样的，甜茶本身的做法和味道没来有改变，改变的是档次。比如，同样一件商品，你放在超市专柜里来卖与放在地摊上来买，价格是绝对不一样的，因为包装让它们产生了差别。随着更多游人进入到拉萨，拉萨人开始学着包装自己的文化，包装自己的世界，他们不是趋炎附势，而是与时俱进，跟上时代发展的要求，用创新精神来看待问题。

藏族人对茶具使用的讲究还表现在不混用茶具上。如果彼此不是很熟，绝对不会用同一个茶具来喝茶，即使是有血缘关系的人也很少用一个茶杯喝茶。但是，在家里则没有这么多讲究，亲人之间则没有这么多拘束，这样反而不像一家人了，比如，子女回家看到父母倒上的清茶，二话不说就会一饮而尽，一杯清茶下肚很解渴。有的时候重视茶具的使用是为了表示尊敬和礼貌。在藏族人家邀请僧人来诵经，就会特意购置一套新的茶具和碗具，以此来表达对尊贵僧人的尊敬之情。

第五节　茶的演变

茶从传入拉萨开始，便发生着改变。受各种因素影响，它一直在演变，从刚开始被视为“珍贵的保健药品”到被当作饮品，进而到现在被当作商品，被打印上拉萨的标签，这一系列的改变都是有原因的，在社会的发展、文明的进步和经济的发展的驱动下不断地演变。如今，互联网的发达让人与人之间的联系更紧密，信息传播速度更快，拉萨的茶文化也由此被传到世界的各个角落。茶文化在我国历史悠久、源远流长，在我国政治文化交流中起着不可替代的作用。那么，西藏茶文化是怎么演变的呢？

5 世纪前，吐蕃社会还没有饮茶的习俗，只是把茶叶作为一种珍贵的保健药品被王室所珍藏。当时茶对藏族人的影响很小，几乎为零。随着祖国内地与藏区交流的加强，煮茶、饮茶之习俗随之而传入藏区，由此，藏族人开始了自己的饮茶之风。茶最开始是战利品，据史书记载，早在公元四五世纪时，吐蕃政权的军队曾攻占到中原边州，夺得了大量茶叶，这也是茶传入藏区的开始。紧接着，茶便成了礼品，或者朝贡之物，比如，赞普把茶叶送给位高权重的大臣，朝廷把茶作为礼品送给吐蕃，这时候茶并未真正发挥作用。直到祖国内地的僧人去藏区传教，才把用茶的方法带入藏区。在接下来的时间里，藏族人结合自己的饮食需求，对茶加以利用，进而发明了酥油茶、清茶，还有改良后的甜茶。

青藏高原被称为世界屋脊，海拔在3500米以上，空气稀薄，寒冷是当地独有的气候，在这恶劣的气候条件下，青藏高原无法生长出人们需要的蔬菜。在高海拔的青藏高原，映入我们眼帘的只有牦牛、绵羊，它们身上长长的毛发就是为了抵御西藏天气的严寒。此外，唯一能够在高原生长的庄稼就是青稞。于是，西藏的人民的一日三餐就围绕着牛羊和青稞，牛羊除了肉食，还有奶、奶渣和酥油；青稞可用来做成酒，人们习惯的另一种做法就是把青稞面和水搅和均匀，烤着吃。青稞是被子植物，含有较高的淀粉，从营养学的角度看，它是高能量物质，在严寒的环境下适合食用。牛羊肉及奶、酥油也都是高能量物质，但它们在身体中不容易被消化。经常吃这些缺乏吃蔬菜容易营养不平衡，而且缺少膳食纤维不容易消化。在早期，藏族人通常煮一些植物的根，通过喝这种水来平衡营养和解决消化问题。直到唐朝的文成公主来到西藏，把茶也带到了西藏。关于这个还有一个佳话流传于世。当文成公主嫁到西藏后，每天吃这些高能量的青稞和牛羊肉，本来苗条俊俏的文成公主慢慢发福了，对此她很烦恼。这样茶被带到了西藏。人们惊奇地发现茶比树皮水好喝多了，不仅口感很好，而且美观好看，就这样茶叶取代了树根、树皮，这个就是清茶的形成过程。清茶是西藏地区最常见的一种茶，煮茶讲究火候，以茶汁呈深褐色、入口涩而不苦为佳。牧民喜欢喝浓一些的，农区和城镇的人则爱喝较淡一点的。他们平时将茶装入随身的口袋或储于家中罐内，用时先将锅内盛水，投入适量茶叶，以猛火煮开，再以文火煎熬。熬茶时，他们必放少许食盐调味，这样熬出的茶名为“清茶”，这是最普遍的熬茶法。从某种意义上来说，茶叶改变了西藏的历史。首先，茶叶取代树皮、树根成为人们的生活用品。因为茶叶，历史上还发动过战争。其次，茶叶成为中央政府控制边境安定的条件之一。这被称作以茶治境。

丝绸之路大家再熟悉不过了，它是连接亚非欧的一条文化经济交流通道。茶马古道，它在中国历史上和丝绸之路起到的作用一样举足轻重。千年来多少马帮在茶马古道用生命筑造了连接汉藏的友谊之路，将茶叶从南方运送到北方。这条小道在历史的长河中一直被埋没。在原始的茶马古道，没有便利的交通运输工具，也没有宽阔的马路。就连这么一条小路都是那么的险峻，有些地方连马都没法通行，每年数以万吨的茶叶运往西藏，不能简单地用困

茶马古道

难来形容，在这条路上他们流的是血。在这条路上除了会遇到猛兽豺狼，更会遇到土匪强盗，他们可能随时丧命。在这条路上，前面的人和后面的人在说话，殊不知后面的人一不小心就会掉入悬崖。在这命如纸薄的岁月，他们没有放弃，用生命筑起了这条茶马古道。

在茶马古道，把南方的茶运送到北方是一件不容易的事，其中天气就是最大的障碍，在南方下雨是经常的事，在马帮运输过程中，没有像样的雨具，这样茶叶在运送过程中经常被淋湿。当太阳出来时，他们把茶叶拿出来晾晒。这样反反复复，最初的发酵茶就诞生了，这种茶在北方更受欢迎。发酵工艺的产生，使他们一次性可以带很多茶，而且这种茶方便易带。今天流传于市面的茶砖等都是通过发酵工艺制成的，砖茶被称为发酵茶的始祖，深受广大消费者的喜爱。砖茶自从传入西藏之后，变成了藏族人民的最爱。他们平日里煮的清茶，几乎都是用砖茶熬制而成的。为了增加饮茶的次数，藏族人将茶叶和酥油混匀一起喝，这就是西藏最有名的酥油茶。酥油茶的做法是把熬好的清茶倒入专用的茶桶中，加入酥油、盐、鸡蛋、核桃仁等，用一底端有带孔圆盘的搅拌棒在桶内上下抽压，直至油、茶充分融合后即可斟饮。他们做的酥油茶颜色有些暗，那是因为砖茶的颜色呈褐黑色，煮的时候要把茶汁煮成这种颜色，然后再加入酥油和盐，就成了美味可口的酥油茶。

以茶为载体而传承下来的礼仪文化也是拉萨茶文化的一大亮点。对于初来拉萨的尊贵客人，拉萨人都会献上哈达和酥油茶，以表示对客人的尊敬之情，这时的酥油茶并非茶那么简单，它已经被赋予了礼仪文化。由茶而延伸出来的礼仪很多，比如，喝茶时很有讲究，在敬茶时要有尊卑长幼之分，第一杯茶先给尊敬的客人，第二杯茶则给在座的长者，这样以此类推，敬给在座的客人。

拉萨的茶文化远近闻名，不少慕名而来的游客想一睹究竟，这个不盛产茶叶的地方为何有如此深远的茶文化。茶最初只是作为保健品，饮品来食用，顶多算是食物的一部分，但藏族人通过自己的智慧和传承，发明了自己的茶文化。就像清茶一样，拉萨人创造了酥油茶，让它被世人所熟知。冷水里加入些许黑茶，待到黑茶煮出褐黑色的茶汁，方成了我们常见的黑茶。也许这种茶在其他地方很常见，拉萨只是其中之一，但他们加入了自己的特色，选择在茶里加入盐，盐的加入不但没有破坏茶原有的味道，反而让味道更独特。尤其是在天冷的时候，藏族人喜欢放更多的盐到茶汁里，希望借此来获取更多的热量。独特的高原气候，昼夜温差很大，四季也很明显，生长在这里的高原人们用自己的智慧来适应环境，在这里很好地生存，不得不为他们的智慧和勇气点赞。

随着经济的发展、交通的发达，藏族与外界的联系加强，他们的茶也变成了商品走出拉萨，走到世界各处。酥油茶和甜茶原本是液体，经过蒸发、晾干等多道生产工序，把他们加工成方便携带的茶制品，由液体向固体的转变是历史性的转折，也预示着酥油茶和甜茶作为商品销售又上了一个新台阶。与其他不远万里来品拉萨特色茶的人相比，你坐在家里依然可以喝到原汁原味的酥油茶。这种固体茶制品除了被当作商品销售，还是离家学子思念家乡的载体和寄托。家的味道是那么的与众不同，人到任何时候都不能忘本，要时刻记住自己的家乡、自己的亲人、自己的文化。

第六节　茶的价值

常喝茶的人未必懂茶，有些人喝茶是为了消磨时光，有些人喝茶是为了品其中的味道，而有些人喝茶是为了保健效果。总之，喝茶的人很多，但未必都能喝出其中的精髓。拉萨人喜欢喝茶，视茶如珍宝，虽然本地不产茶，大多需要从内地购买，但依然挡不住对茶的热情。据说，拉萨每一家都会存几十块砖茶以备使用，拉萨的酥油茶和甜茶也远近闻名，可见，拉萨人对茶有着别样的理解。

一、茶的功效多

（一）熬夜人群的提神剂

现代人经常熬夜，或因为工作的需要，需要加班加点来完成工作任务；或将熬夜视为一种习惯，据统计，一线城市一般睡眠时间是 11 点左右，像上海入睡时间更晚；或上夜班需要熬夜，特殊工作岗位的人经常熬夜，这是工作的需要。我们的生物钟一般是固定的，晚上休息，白天工作，但没办法要熬夜，就得想办法来提神。而茶是最好的提神饮料。茶叶的咖啡因能兴奋

酥油茶

中枢神经系统，帮助人们振奋精神、增进思维、消除疲劳、提高工作效率。所以，茶是熬夜人群的最佳选择。

（二）减肥人群的秘密武器

久坐不动最容易长胖，不少坐在电脑旁工作的人都面临这样的烦恼，因为不运动造成大量脂肪堆积，从而使身体变得臃肿。节食减肥并不是好的选择，因为这对身体伤害很大，不要拿自己的健康去换美丽，这样并不值得。久喝茶能达到减肥的效果，因为茶叶中特有的肌醇、叶酸、泛酸和芳香类物质等多种化合物，能调节脂肪代谢，长期喝能达到减肥的效果。

暴饮暴食者最宜饮茶，因为，茶可以促进消化，几杯茶下肚，过不了多久就会产生饥饿感，茶就是这么神奇。还有，茶水可以消除油腻，经常吃肉的人更要饮茶，可以及时地消除油腻，对减肥帮助很大。

二、茶对拉萨特有的价值

（一）对生活的影响

对拉萨人而言，不可一日无茶，茶已经成为他们生活中的必需品，是日常饮食的组成部分之一。在茶没有传入之前，拉萨人不懂茶，更不会饮茶，自从茶以饮品的方式传入之后，茶就改变了他们的生活，改变了他们的饮食习惯。一天早中晚至少饮茶3遍，对藏区的老老少少而言，已然成了生活习惯，这一习惯也将世代传承。优秀的文化应该得以代代相传，让子子孙孙都受惠受利。

（二）改善饮食单一的状况

拉萨特有的高原气候、特殊的地理位置，让它所能种植的农作物有限，所以，大部分的藏族群众都以放牧为生，适当种点青稞、土豆、油菜等，这也造成了藏族群众饮食结构单一的现状。在清朝时期，藏族群众以食用糌粑，肉和自制的奶酪为生。然而，茶的出现改变了这一现状，随着茶的利用，藏族人开发出更多食物类型，构成了拉萨丰富的饮食文化。茶，在普通人眼里可能只是饮品，生津止渴，而在藏族群众眼里，它的价值非常大、利用范围很广。比如，茶与酥油结合，制作出美味的酥油茶，也许在当初没有尝试时，没人会意识到茶跟酥油还能结合，这两个看上去原本不搭的食物，通过创新，带来了巨大的改变，带给了世人惊喜。拉萨人善于创造，善于创新，把茶运用得恰到好处，把它的价值发挥到最大。虽然酥油茶已经远近闻名，藏族人的聪明才智被认可，但他们仍不会止步于今天取得的成就，将会继续发扬创新精神，努力改善饮食单一的状况，制作出更多美味的食物。

（三）均衡营养从“茶”开始

藏族也被称为食肉的民族。他们喜欢吃肉，也常常吃肉，虽然肉类有很多蛋白质，但多吃会造成营养不均衡，身体想要健康，必须要有均匀的膳食、均衡的营养。经分析鉴定，茶叶内含化合物多达500种左右。这些化合物中有些是人体所必需的成分，称之为营养成分。如维生素类、蛋白质、氨基酸、类脂类、糖类及矿物质等，它们对人体有较高的营养价值。人通常无法从食物中获得的营养成分，可以从茶里获得。藏族人本身食用蔬菜就比较少，单靠肉类提供的蛋白质不能满足身体对营养的需求，这时便从茶里获得，让营养更均衡，这也是藏族人喜爱饮茶的原因之一。

藏族人多使用砖茶，加水熬制成为清茶，但单一饮用清茶并不能实现营养的最大化，他们通常会在清茶里加入其他成分，以便提升它的食用价值。比如，在吃早饭时，可以在清茶里加入一些奶和酥油，与糌粑一起同食，既缓解了清茶的单一，又满足了食欲，解决了早餐的问题。红茶本身就发暖，再加入红糖，这个本身就是热性的东西，两者相互融合，食用后可以暖身体。尤其是对女性而言，多饮用这样的茶，对身体帮助很大。清茶配炒面，就是一顿饭，看似简单的食材，营养价值却很高，既满足了身体的需求，又优化利用了食物资源，这样岂不是两全其美。如何把茶的使用价值发挥到最大化，拉萨人已告诉你答案。

三、茶对拉萨文化的影响

藏族人用茶拉近了人与人之间的距离，让人与人的相处更和谐。藏族是好客的民族，对待远道而来的客人非常热情。你随便走进一家敞开帐篷的藏族人家，主人都会以热情的态度招待你，在你进门之后，会奉上一杯热乎乎的酥油茶，浓香四溢的酥油茶代表着主人的心意。就像我们祖国内地招待客人一样，会给客人斟上茶，以帮他们褪去一路奔波的辛苦。同样，你初到一个藏族人家，他们拿最珍贵的茶招待你，你会由内而外地感动、高兴，彼此间的距离瞬间被拉近。原来，全天下皆是朋友，不分民族，不分种类，和谐共处。

（一）由茶而延续的习俗

茶是祝福的开始，是爱的包容，更是生命的延续。对藏族人而言，茶是最珍贵的礼物，更是祝福的最好表达。亲朋好友有人生孩子，他们会提着好茶去探望，这大概已经成为一种习惯、一种礼节。在他们眼里，茶是健康，茶是珍宝，茶更是能力，把这份寓意深厚的礼物送给刚刚降生的孩子，代表对新生命的祝福，愿孩子一生平安、幸福。青藏地区各族很看重妇女的“茶饭”，并把它作为好媳妇的评价标准，所谓茶饭就是日常的饮食，因为茶已经渗透到了日常饮食当中，所以，会熬煮一杯好茶就成了一道闪光点。通常，刚进家门的新媳妇会被要求煮茶，把煮出来的茶端给长辈喝，让长辈们评价看她是否适合当媳妇，所以，拉萨的妇女几乎人人都会煮茶。

在拉萨百姓生活中，茶是人们和亲人、朋友、事业伙伴的联系、交流、沟通的载体。在一个家庭中，儿孙陪着长辈在阳光下品尝着长辈爱喝亦喝惯了的清茶，老人们感叹着茶的恬淡、日子的美好；拜访亲友时，给客人奉上可口的甜茶，一众的笑颜让主人心情更加明媚；佛的追随者在朝拜路边、寺院庙堂的台阶上休息着，热心肠的百姓们和古修啦（僧侣）奉上香甜满满的酥油茶，再走多远多累亦会觉得心底有一洼甘泉。发生在我们身边的美好事物，其实不难发现，由此可知茶早已成为藏族人民生活中不可或缺的一部分了。茶，不仅仅是藏族传统习俗传承的纽带，亦在藏族群众在家庭生活中和社会生活中成为联系各方的纽带。

（二）茶对拉萨经济的促进

拉萨的酥油茶远近闻名，不少慕名而来的游客只为了喝一杯酥油茶，这便是酥油茶的魅力。随着交通的发展，人与人之间的联系更加紧密，信息的传播速度更快，如今的酥油茶不只是在中国出名，在外国亦有很高的地位。加工业的发达，让酥油茶的形状得以改变，由原来的液体变成固体，经过包装远销世界各地，这对推动拉萨经济的发展帮助很大。想到酥油茶、甜茶、糌粑，便想去拉萨看一看，亲自品尝一下这些藏族人原汁原味的食物，不少人就是抱着这个想法来的拉萨，不远万里只是受了食物的诱惑，来到拉萨才发现，原来有特色的不仅仅是食物，还有拉萨特有的人文景观、独特的地貌环境、独特的风土人情等。可见，茶在无形中拉动了拉萨的旅游文化，对扩大内需，拉动经济增长帮助很大。同时，茶亦加强了拉萨与外界的联系，让更多人走进来，让拉萨人走出去。

甜茶馆的繁荣，让更多人聚集在这里，形成了拉萨特有的人文景观，也许许多年前，拉萨人想象不到甜茶馆今天的繁荣，更想不到它竟能吸引海内外游客蜂拥而至，以至于把拉萨街头大大小小的甜茶馆都占满。甜茶并非拉萨土生土长的茶，但在拉萨得到了发扬光大，让更多人知道它。甜茶几乎每个地方都有，像祖国内地的茶餐厅，有各式各样的甜茶，但还是有人不远万里地来拉萨品甜茶，正是因为这里的甜茶打上了拉萨的烙印，所以，它才与众不同。可见，甜茶已经成为拉萨的标志、一个符号，深深地烙在人们的心中。经营甜茶馆的人多为拉萨人，有的茶馆已经有几十年的历史，算是拉萨的老茶馆，所以，他们有着自己稳定的客源，对这些茶馆主人来说，这不失为一种营生的道路。如今随着旅游业的发展，更多游客来到拉萨，来到甜茶馆，无形中增加了客流量，提高了营业额。

旅游业的发达带动了一系列产业的发展，让拉萨人摆脱了靠天度日、靠草为生的生活。以前，他们随着草地的变迁而不断迁移，没有固定的场所，生活质量不高，而现在，他们不用再单纯依靠放牧为生，反而加入旅游产业链中来，有效地提升了自己的经济收入。比如，游客的增多，对住宿需求量增加，当地的人就把自己的房子出租出去供游客住宿。最典型的是扎西岗村，这个村子共有 57 户人家，家家开设家庭旅馆，通过发展民俗文化旅游，每年收入颇丰，改变了原有经济收入的途径，大大提升了生活水平，这一切都是旅游业的发达所带来的益处，而茶作为推动旅游业发展的动力，有着不可替代的作用。

茶的价值，不仅体现在对拉萨人日常生活的影响，对他们饮食习惯的改变，更体现在对经济发展的影响。清茶，作为饮料，能消暑、解渴、预防高原反应；酥油茶，作为饮食的一部分，能提供身体所需要的营养和能量，是高原人必不可少的食物之一；甜茶，它不仅仅是一种茶，更是一种文化，印上拉萨 Logo 的文化。有些人喝甜茶并不在乎茶的味道，而在乎其中的感觉，那种悠闲自得的意境。不管是简单的清茶也好，珍贵的酥油茶也罢或者有内涵的甜茶，他们组成了拉萨的茶文化，影响着拉萨人的日常生活，促进了拉萨经济的发展，他们的价值无法用言语和数字来形容。

藏区虽然不盛产茶，但茶就在他们身边，大到繁华的拉萨街道小到普通人家，到处都弥漫着茶香，随处可见的甜茶馆，停下脚就能尝到的酥油茶，具有天然饮料之称的清茶等。“饭可一天不吃，茶却不能一顿不喝”，藏族的这句谚语道出了藏区人民与茶之间形影不离的关系。从茶叶传入西藏至今，茶在不断地演变，从最初被视为保健药品到最后被深入挖掘充分利用，茶发生了翻天覆地的变化，价值得到极大的提升。随之而改变的也有茶具和与茶有关的礼节、礼仪。时代在变迁，人类的物质文明和精神文明也在改变，拉萨人用与时俱进的态度，坚持创新的精神，促使自己的茶文化不断发扬光大，紧跟时代发展的步伐。

光明港琼甜茶馆

第五章

DI WU ZHANG

藏族酒文化

自从人类出现之后，人一直在征服自然、创造自然的过程中奋斗着，并从来不缺少绚丽的舞台，只是要看这个舞台属于谁，而它是否又能够在这个舞台上熠熠生辉。酒作为一种文化载体，能够登上这个舞台，是因为它在长期的发展过程中显示出了自己的文化魅力，证明了自己的文化价值。但酒文化绝不是共性的，毫无特点的。它是与本民族的民俗、社会、经济等有机结合的，进而也体现着这个民族所具有的心理素质、价值观念及审美情趣等。我国作为酒的故乡，各民族在发展的过程中都创造了属于自己的酒文化，藏族也不例外，并在文化大背景下，不断思考着与创造着。在藏族酒文化中，青稞的地位举足轻重，以青稞为主要原料酿制的青稞酒自古以来就是藏族人非常喜欢的饮品。藏族有许多关于酒的神话传说，这些传说既体现着藏族人民热爱自然喜欢美酒的情怀，也展现着他们渴望征服大自然，敢于与恶劣的居住环境相抗争的民族性格，而这一切正为藏族酒文化的形成提供了自然环境背景与人文环境背景。

第一节　酒的溯源

一、藏族酒文化的形成背景

（一）自然环境背景

平均海拔在 4000 米以上，被世人称为“世界屋脊”。一提到这两句话，大家一定就会想到这指的是我国的西藏。西藏地形复杂，既有蜿蜒逶迤的山脉，也有陡峭深邃的峡谷，更不缺少戈壁、冰川和裸石。外加西藏的气候干燥严寒，自然环境一向较为恶劣。但这却没有阻止藏族人民对大自然的喜爱，对美的享受。在那宽广辽阔的高原上，山大沟深，碧草荡漾；在那一望无边的蓝天下，鸟语花香，牛羊成群。在这种环境下成长起来的藏族百姓，胸怀宽广，想象力非凡。藏族人民的性格是淳朴的、真诚的，他们热爱生命，热爱生活；藏族人民的性格又是坚韧的、勇敢的，他们从不向挫折低头，敢于向困难挑战。因而，藏族人民从来都是既敬畏依恋大自然，又随时准备着向恶劣的环境发起反抗。

一方水土养育一方人，在此基础上，藏族形成了自己独特的饮食文化，酥油、糌粑、甜茶、奶渣、青稞等早在 1000 年前就已成为藏族人民的主食。酒作为藏族必不可少的一种饮品，在吐蕃时期就流传开来。同样为饮品，酒虽然不能像茶那样每时每刻都伴随着藏族人的生活，但其抵御严寒和增加生产生活情趣的功能却是茶不可替代的。因为有了酒，藏族的生产劳作变得激情澎湃，口渴时仰头灌上一口，既润喉又提神，好不惬意；因为有了酒，藏族的节日婚宴变得热闹非凡，迎宾送客三口一杯，兴之所至，唱起酒歌跳起舞，美哉乐哉。酒在藏族人的心目中已然成为一种精神的寄托，灵魂的相伴。

（二）人文环境背景

藏族酒文化的形成离不开藏族人民对酒的喜爱，藏族人民生性开放、热情、粗犷，有着敢想敢做、敢爱敢恨的豪爽豪迈之情。但同时，之于佛教文化的影响，他们也谦卑、礼貌、仁爱、节俭，具有中华民族历来拥有的传统美德。所以，藏族人民喜欢饮酒，但却从来不酗酒，这一点在吐蕃文献中就有记载，松赞干布统一青藏高原后制定了三十六条法制法规，第七大条中曾提到“饮酒要有节制”。至今，藏族人民始终保持着这个好习惯。不酗酒并不代表不能喝得畅快，这就是藏族人民的性格使然，只要喝酒就要喝得尽兴，特别是在诸如节日、婚宴等喜庆的时刻来临的时候，一定要喝出个味道才行，这体现着藏族人民享受生活的态度。

不得不说，藏族是一个很乐观的民族。为快乐而生，为快乐而死，已成为藏族乐观生活的乐章。酒带给他们的快乐与幸福是任何规范也不能阻止的，正是因为这样，其酒文化显得与众不同。同时，藏族也是一个勇敢的民族。如烈酒般的勇气是他们引以为豪的事情，当骑马赶路、牧牛放羊时累了乏了，捧起一把糌粑，灌上一口美酒，这股豪迈劲儿实在是无人能比。藏族还是一个热情的民族，群居部族的特点，使得他们世世代代、祖祖辈辈都生活在一起。因而，在一切可能遇到的事情面前，大家都会去积极帮忙。一旦有客人来的

青稞酒

时候，主人就会热情相迎，有的还会邀来亲戚朋友一同助兴。接着，酒就派上用场了，并往往成为礼仪的代名词。于是，无酒不成席，无歌不相会就成了迎宾送客的真实写照。

二、藏族酒文化的起源历史

（一）藏族酒文化的起源

酒不仅是一种简单的饮品，作为酒的故乡，在5000年的中华文明史中，酒很早以前就形成了一种文化。它是广大劳动人民在长期生产、生活中智慧的结晶，也是广大劳动人民在口耳相传中自觉不自觉形成的一种社会现象。民间传说的地位举足轻重，不仅反映着劳动人民的喜怒哀乐，还具备一定的历史参考价值，如黄帝造酒、杜康造酒、上天造酒、仪狄酿酒等都给人留下了深刻的印象。藏族的民间传说同样丰富多彩，在藏族酒文化中，上天赐予说与人为发现说是酒起源的两种重要说法，它们为藏族酒文化的传承与发扬提供了出发点。

1. 上天赐予说

由于地理环境与居住气候的影响，青稞是藏族人民赖以生存的主要农作物，在几千年的劳动实践中，它不仅成为藏族人民饭桌上美味的佳肴，也在藏族人民不断的生产实践中，逐步演变成了酿酒的原材料。青稞缘何会和酒结下不解之缘？在藏族人民心中，有一个古老而神圣的传说。

很久很久以前，魔鬼霸占了青稞的种子，人民生活苦不堪言。天神的儿子不忍人民受苦，便投身人间前去寻找。这天，他来到雪山脚下，在一棵大树旁遇到了一位白须老人。“您知道青稞种子的下落吗？”他问老人。老人听了，捋着胡须微微一笑，说：“年轻人，我劝你还是别去了，在你之前已经有许多像你一样的人被魔鬼吃掉了。”没想到，天神儿子听了不仅毫无畏惧，还意志坚定地表示就算被魔鬼吃了，也要找到青稞种子，并请老人指点迷津。老人不禁被天神儿子的勇敢与信仰所感动，便告诉了他魔鬼每天都要去山顶煨桑的秘密，这时，他正好可以去魔鬼居住的洞中偷走种子。天神儿子大喜，连连感谢老人。临行前，老人交给他1粒药丸，并嘱咐他一旦遇到危险就要立时服下。

按照老人的指点，天神儿子顺利偷到了1小袋青稞种子。他刚要离开山洞，魔鬼就回来了，他便赶忙吞下老人送给自己的药丸，将种子搭在脖颈儿上逃跑了。魔鬼追赶不及，一怒之下将他变成了一条藏獒。变成藏獒的天神儿子，驮着青稞种子遇到了一位漂亮的姑娘，姑娘见它又是点头又是摇尾，就收留了它，并把种子种到了自家的地里。到了秋天，丰收的青稞金黄一片，姑娘高兴坏了，对藏獒又亲又爱。是夜，奇迹发生了，天神儿子竟又变回了人形。他将自己寻找青稞种子的经历详细讲给了姑娘，并用天上的方法酿制成了青稞酒，和乡亲们一起在寨子里喝酒唱歌跳舞，并请来白须老人致颂词。在欢快的气氛中，天神儿子与姑娘举办了婚礼，他们生儿育女，过上了幸福快乐的日子。他们还把酿制青稞酒的方法教给了乡亲们，从此，藏区就有了青稞酒，并代代相传。

传说毕竟是传说，很多内容都无法考究。英国历史语言家缪勒说，神话传说的荒谬性是不可避免的事实。这有一定的道理，但也不能盲目地否定传说，忽略其蕴含的现实意义。雪域高原上确实是有青稞的，它被“魔鬼”霸占，这里的魔鬼无疑指代的是恶劣的自然环境。天神的儿子下凡寻找青稞，遇到白须老人。既是天神之子又是年轻人，可见这样的人是与众不同的，是富有活力、力量和勇气的，而白须老人自然是智慧与经验的象征。老人告诫天神儿子有很多像他一样寻找种子的人都被魔鬼吃掉了，体现的是藏族人民与残酷的大自然的坚强斗争，只是暂时未获胜利罢了。天神儿子不畏艰难，恳求老人指点出路，表明藏族人民敢于征服大自然的决心，能够在前人智慧与经验的基础上进行探索，并取得胜利。在这个传说中，美丽的姑娘无疑代表的是纯洁、善良的藏族人民。最后天神儿子用天上的方法酿制出了青稞酒，体现的是酒的珍贵与美好，而白须老人致颂词则突出了人们对酒的重视与喜爱。所以说，完全把传说当现实是不正确的，用现实去直接衡量传说也是不合理的。只有善于从传说中找出合理的成分，从点滴中探寻历史的现象才能让传说更富有魅力，才能让酒文化更显出神圣气息。

2. 人为发现说

青稞酒的酿制需要农业从畜牧业中分离出来，有了粮食的剩余才能发生，果酒来源于原始采集业，因此酿制得更早。在藏族酒文化中，果酒的起源也令人神往，这为藏族酒文化的起源同样增添了一道亮丽的色彩。

相传，在很久以前的郎当兰当，人们都喜欢唱歌跳舞。放牧归来模仿山林鸟兽的叽喳啼鸣，宣泄自己的情感成为一种流行。黑珠姑娘是这些人中唱的最好的一个，每次她唱歌都能吸引很多人来围观。其中有一位表面腼腆内心却十分敏锐的猎人男子，也喜欢听黑珠唱歌。但他感到黑珠似乎从未留意过他，心里时常不是滋味。带着这样的心情，他总是到山林里打猎，渴了就喝山泉水，饿了就吃野果。他的打猎技术并不是很好，因而总是空手而归。但他并不沮丧，还常常躺在石头或落叶上欣赏风景，想着黑珠。这天，他照常躺在那里休息，不禁闻到一股浓浓的香味，原来是从一块石头下堆积的野果里发出来的。野果在石头下发了酵，流出潺潺的汁液，他便捧起来尝了一口，蓦地感到清香爽口。再尝一口，一股独特的温热和舒畅竟向全身散发而来，腿脚有些发软不说，头脑还有些晕眩，令他感到前所未有的愉悦。

猎人想，这是个多么美好的东西啊！他想到了黑珠姑娘，他太想对她说出他心里所有的话了，于是便装了一皮袋果汁来到黑珠的面前。他呼唤着黑珠的名字，人们见状都围了过来，但他已经有些口齿不清了，他只是提着皮袋念叨着什么，黑珠不知道那是什么，他就示范性地喝了一口。周围的孩子们闻着挺香，便都忍不住尝了起来，连连说好，其中有个年轻人更是拿起皮袋咕咚咕咚地大口大口地喝。他们唱着跳着，不一会儿都跌在了地上，像睡着了一样一动不动了。次日一早，猎人醒了，昨天的事对他来说就像做了一场梦。人们都来问他昨天喝的是什么，给人的感觉是如此的愉快高兴，他便将大家带到了昨天发现果汁的地方。当大家尝试着喝下果汁时，不禁也深深喜欢上了这种味道、这种感觉。受这一启发，人们就开始采摘野果来酿制酒了。后来鬼氏部族统治了高原，果酒很快得以传播，并引导藏族人民后来用这种方法酿制青稞酒。

事实上，这则传说是有文献可究的，按照《贤者喜宴》记载，公元前1000年左右，郎当兰当是“玛桑九兄弟”在雪域高原上统治结束后形成的小邦之一。这一传说想要表明的是，藏族先民在生产生活中偶然发现了酒，并掌握了酿制发酵酒的技术，果酒也成为藏族酒中最早出现的酒。

（二）藏族酒文化的出现

1. 酒文化的史料记载

藏族开始酿酒的准确日期还是个未知数，不过，从汉文典籍中藏族的原始民族羌的发展中，或许能发现一些端倪。古羌人是殷周时期对西北游牧民族部落的泛称，其最初生息地即是青藏高原。古羌人具有极高的智慧，早在中原种植麦种之前，他们就已在雪域高原上成功培育了青稞。之后，羌族开始分支流变，有的进入中原，有的继续留在西藏，并形成了许多部落，如党项、苏毗、白兰、吐谷浑、嘉良、附国、东方等。直到后来，吐蕃政权的成立，羌人得到了大融合，藏族才真正形成。因此，将藏族酿酒的历史追溯到古羌时期是科学合理的。

古羌人喜欢饮酒，不但喜欢，还会酿制。张华是善酿好酒的晋初尚书，其酿酒所用，“蘖出西羌，曲出北朝”即可佐证。当然，藏族的青稞酒到底是不是源自羌，还有待确认，但不可否认两者之间存在着一定的内在联系。事实上，除了青稞酒，藏族还有其他的酒品。“献最后一瓢酒时供上各种供品，最后供上一瓢小麦酒、一瓢葡萄酒、一瓢米酒……”这是敦煌文献《本教丧葬仪轨》中的记载。可见，在吐蕃时期藏族就已经有了多种酒类，并用于丧葬习俗之中。

对于酿酒技术与饮酒习俗的记载，《敦煌古藏文历史文书》中指出，松赞干布在即位时曾摆下酒宴的命令，他在统一青藏高原后还制定了三十六条法制法规，第七条中提出“饮酒要有节制”。书中还有一段关于芒波杰的故事。说在彭域达尔吉有个叫芒波杰的小孩，很是聪明，噶尔·东赞域松就派 4 位大臣去找他。他们在彭域的一片大草垛边正好遇见了芒波杰。但当时，他们 4 位并没有马上认出他来，就问他，想去对面，是直接穿过去好还是绕道而行好。芒波杰回答说，如果不着急就可以直接穿过，要是着急就绕道而行较好。芒波杰的意思实则蕴含着深刻的哲理，是在告诫他们四位直走可能会陷入泥潭耽误时间，绕道而行路较平坦，能更快到达对面。但他们却没有听懂他的话就直走了，结果可想而知。当他们终于到达对面的村庄时，芒波杰已然先到。他们就又问他，父母去哪里了。他说，阿爸去找话了，阿妈去找眼睛了。他们感到惊奇，就耐心等候。不一会儿，孩子的父亲拿着酒，母亲拿着灯盏回来了，他们才明白他的话。原来他指的是酒能够让人畅所欲言，灯能够点亮黑暗。他们断定这个小孩就是芒波杰，于是带他来到了拉萨。噶尔·东赞域松于是委之以重任，可芒波杰却感到独木难支，便去寻找一个叫琛·芒协恩巴的人。为了得到琛的支持，他上山藏酒，抓准时机，故意和琛套近乎并将咸肉干给琛吃，琛吃得口干舌燥，不禁说要是此刻有酒喝就好了，芒波杰赶紧取出酒给琛，最终得到了琛的帮助。无疑，这个故事也从侧面展示出了酒在藏族的历史上已存在很久了。

2. 酒文化的考古发现

民间传说、翻阅古籍都可以探究酒的起源与历史，同样考古发掘也是一种办法。当然，酒作为一种液态物质是无法直接用考古来分析的，但酿造酒的原料与器皿却是很好的借鉴物。世界上最古老的白酒，是由美国的考古队于 1994 年在伊朗的一处新石器时代遗址发掘出土的两件盛有液体的陶罐中检测发现的，其酿酒历史至今有 7000 年。

在藏区，青稞酒是普遍的饮用酒。其主料青稞可以说是世界上最古老的谷物之一，因此寻找青稞的遗迹对于藏族酒文化的起源至关重要。随着贡嘎县昌果乡昌果沟遗址内一批古青稞碳化颗粒的发掘出土，我们可以了解到青稞可能是昌果沟遗址周围古人类最主要的粮食作物。不得不说，在西藏高原上发现青稞遗迹，这尚属首次。这就表明，至少在新石器时代，雪域高原上的藏族人民就已开始种植青稞了，因此，在那个时期，酿酒技术就有可能在悄然发展了。

无独有偶，1993 年，考古工作者在扎囊县结色沟吐蕃古墓群科考时，惊喜地在 M3 墓中发掘出土了 10 件陶器，其中有高足杯、高足壶各一件。这件高足杯单耳直口，是由夹砂黑陶烧制而成，外壁刻有菱形纹饰。而高足壶由泥质红陶轮制而成，敞口，圆房，鼓腹，高足，壶口残。残高 33 厘米，口径 9.6 厘米，足径 4 厘米。经鉴定，发掘出土的高足杯确定是酒杯，其出土的墓群是吐蕃时期芒松芒赞的墓地。这就有力证明了藏族在吐蕃时期就已经出现了酒，且与有关文献记载不谋而合。

三、藏族酒文化的表现形式

（一）酒歌

1. 酒歌是酒与歌的完美结合

雪域高原，气候寒冷，人迹罕至，平均海拔在 4000 米以上。生活在这里的藏族人民，每日日出而作、日落而息，在紧张的生产生活之余，亦要对

歌舞

抗恶劣的自然环境。藏族人民需要释放情怀，宣泄感情。歌曲作为一种古老的艺术形式，从其诞生之日起就成为人类情感表达的载体。一方面，西藏高原地广人稀，藏族人民分散居住，仅仅依靠语言交流有时并不能完全表达他们的心理诉求，因而高昂的歌声就成为传情达意的工具。另一方面，藏族人民十分喜爱唱歌，在恶劣的自然环境面前，慷慨激昂的歌声，体现着他们敢于战胜困难的勇气与信心。

在这一基础上，藏族创作了拥有自己民族特色的歌曲。这歌曲是劳动的歌曲，来源于藏族人民生产生活之中，是躬身耕作的汗如雨下，也是享受丰收的欢声笑语；这歌曲是牧野的歌曲，来源于藏族人民畜牧围猎之中，一声声皮鞭回响在蓝天白云下，一群群牛羊奔跑在碧绿草原上；这歌曲是自然的歌曲，来源于藏族人民热爱家园之中，彩蝶纷飞百鸟儿唱，一湾碧水映晚霞……总之，藏族在不同的生产实践与生活行为之中，面对蓝天、白云、高山、湖泊、青草、鲜花、羚羊、牦牛，就地取材，同时融入民族信仰与宗教传说使得藏族歌曲内容丰富、形式多样。正如学者夏敏在《藏地歌谣与习俗的文化关联》一文中说的那样，高山无处不飞歌。在藏族，人人都善用歌曲来表达情意，“无事不歌，以歌代言”，这已形成了藏族富有特色的山歌文化。

那么，当歌遇到酒又会是怎样的一种情景呢？藏族喜欢饮酒，在酒里，酒精是最主要的成分，它不需要经过人体的消化系统就可以被肠胃直接吸收。酒对于生活在高原地区的藏族人民来说，具有温阳祛寒、疏通经脉、行气活血的功能，这对于藏族人民的身体机能来说是非常重要的。但不要忘了，酒对人的神经中枢亦有刺激的作用，饮酒能够使人宣情畅意，舒心解郁，从这个层面出发，酒与歌曲的作用如出一辙。因而当歌与酒相遇时，势必会碰撞出爱的火花，将藏族人民想要表达的感情展现得淋漓尽致，这也为藏族酒文化增添了美丽的色彩。

2. 酒歌是民族归属感的象征

事实上，在吐蕃时期，藏族就有唱酒歌的习惯。《敦煌本吐蕃历史文书·赞普传记》里记载，凡赞普宴请大臣或者会见外使的时候，会要求大家唱歌，或者请善歌者唱歌。在史诗《格萨尔》里也指出，无论是带队出征还是凯旋，都需要跳舞唱酒歌。这是一种之于欢庆的庆祝仪式，也是一种对酒的热爱与赞美。藏族酒歌是酒与歌的完美结合，酒歌不仅能驱散藏族人生理上的严寒，还能使他们凝聚在一起，找到民族的归属感。藏族是一个有共同民族意识的群体，他们每个成员都能深切感受到其他成员的存在。可以说，他们之间存在着相互影响、相互信任的稳定关系与情感。当一声声嘹亮的酒歌唱起的时候，那优美动听的旋律，展现的是藏族人民善良、纯洁的品性；那言简意赅的歌词，展现的是藏族人民对丰收、对爱情、对希望的不懈追求。一言以蔽之，藏族人民共同的信仰、共同的节日、共同的习俗都在酒歌中得到了体现，而这种体现与其他民族的体现显然是迥然不同的。因此，强烈的喜悦之情是藏族酒歌中极力蕴含的东西，这是其群体集会的重要表现，展现着藏族人民积极向上的乐观心态，也体现着他们深邃的民族认同感与归属感。

如果没有酒歌，藏族的生产生活就像清水一般寡淡无味；如果没有酒歌，藏族的生产生活就像凋谢的花朵一样毫无芳香。饮酒不唱祝酒歌，就像驴子在喝水；好酒你来喝，酒歌我来唱；敲起鼓时跳起舞，唱起歌时喝起酒。总而言之，酒歌体现着藏族所有美好的事物，它的出现，丰富了藏族人民的生活，为其增添了无限的喜悦感，也使藏族在几千年的风雨历练中，越加坚强，越加勇敢，能够对未来的生活充满美丽的憧憬与希望。而酒歌自身也作为这种憧憬与希望的催化剂贯穿在藏族人民的情感之中，并作为藏族酒文化的一部分世代传承。

（二）酒俗

1. 节日与礼仪酒俗

早在8世纪，西域的葡萄酒、内地的米酒就已成为时髦的饮料在藏区流行，究其根源在于此时波斯、印度、缅甸的商人，祖国内地的手艺人、学者、商贾、僧人等已在拉萨出入，佛教文化、儒家文化及本地的吐蕃文化相互碰撞，促使酒文化得到了一定程度的发展。那么，藏区当时主要的酒类是什么呢？雪域高原，条件恶劣，绝大部分地区不产米。强盛时期的吐蕃虽占有川滇和陇右一带，但随着其在9世纪的土崩瓦解，米酒的酿造也戛然而止。再说葡萄，西藏本就不是葡萄的主要产地，产量有限不说，还得向上层供奉。在这种情况下，产量较丰的青稞自然而然担当起了酿酒的重任，青稞酒也成为藏族酒文化的主要载体。藏族人都爱喝青稞酒，藏族人民对青稞酒有着深厚的感情，它不光是酒，还是幸福、友好与欢乐的象征。但藏族人一直都恪守着“饮酒要节制”的信条，因而平时他们一般是不随便饮酒的，只是在喜庆欢乐的时候举杯痛饮。这时候尽管也会有人喝醉，但很少有人酗酒。这种无形的文化，体现着藏族的整体性格特征。

每逢过节、婚宴等喜庆的日子迎接来宾时，藏族独特的酒俗便呈现在人们眼前。这时，如果条件允许的话，主人家会使用银质的酒壶与酒杯，这样会使酒显得更加清凉可口。届时，为了寓意纯洁无瑕，在酒壶嘴或酒杯口上，主人会蘸一点酥油或糌粑，即藏语里的“雅儿噶”。等客人到家后，主人会先斟满一杯酒敬客人，客人为了先敬佛、法、僧，会用右手无名指蘸上一点酒向上弹洒三次，之后，才能小喝三口。等主人再斟满，客人就要一口喝干，这就是“三口一杯”。接下来，客人就可以随意饮酒了，主人也不会强劝。如果客人没有像上面说的那样做，那就是严重的失礼行为了。当饭菜吃完后，主人也会为客人敬酒（或茶），名曰“嘉续”，这时客人也必须欣然接受并按照规定时间喝下，但不能喝完，需在碗底留下稍许，寓意酒永远喝不完，藏族的财富永远花不光。倘若客人没能做到，主人会再敬他一碗。这时候即使客人喝得酩酊大醉了，主人也绝不会讥笑他，反而会更加敬佩之，认为这是一种坦诚相待的表现。

还有一些藏族的酒俗是这样的，如阿坝黑水地区的藏族，只要看到熟人从自家门前经过就要将他请进屋喝一碗酒，如果客人坚持不进屋，主人会将酒端出来；四川的嘉绒藏族则要对进屋的客人敬酒的同时奉上一盘食物，并且是一客一份；在卫藏地区，女人在生育后要喝加了红糖、酥油，经煮烫加热的青稞酒，这被认为是一种有效的补品；在日喀则等地区，为了能正常干活、搬家或出远门，不让孩子吵闹，母亲会喂孩子喝几口酒，让他乖乖睡去。

总之，无酒不成筵席已成为藏族节日、婚庆、迎宾送客的重要方式。即便是有了纠纷，人们也要把酒作为和事佬，将酒作为赔礼道歉的礼物送给对方。所以说，酒在藏族人心中，不仅是酒，还是礼仪的载体。迎宾送客，列队门前，献上哈达和酒，这是最尊贵的礼节。当然，敬酒时要长幼有别，首先要敬德高望重的长者，然后需要按照顺时针的方向逐个敬酒。这是藏族以长为尊的重要道德思想与族群价值观，父母长辈在藏族人心中高尚的伦理地位是任谁也不能推翻的。

2. 丧葬与祭祀酒俗

人类学家马林诺夫斯基说，每一个文化都像一个生物有机体，是活生生的，有效力功能的。藏族丧葬文化也不例外，它是现象与特质相互融合的一个理性的过程。藏族相信灵魂是不会消亡的，因而当一个人死去后，会用白布围上，用土坯做垫，放在屋内一角。土坯在藏族丧葬文化中具有特殊的意义，能够使死者的灵魂游出屋外，不滞留在屋里。所以在出殡前，还要在土坯上搁上一个倒满茶的茶碗，茶碗是死者生前用过的。同时，尸体被背走后，土坯也需要放在十字路口，表示死者的灵魂也一同跟去。

停尸的 3 ～ 5 天内，僧人会不分昼夜地念经用以超度死者的亡魂。亲朋好友会带上一壶酒、一条哈达、一点酥油和一炷香前来吊唁，有的也会带一个白色纸袋，袋里装着钱，袋上则写着“慰问”两字。酒在出殡那天也是亲戚朋友要带的物品，数量或多或少，看的是其与死者的亲疏关系。亲戚朋友把酒送给死者家属，若太多，就会倒入一口缸里，用以招待客人。酒会被全部倒完，以免他们会因为对死者的离去而悲痛伤心饮酒消愁。可以说，藏族丧葬文化中的酒是对死者家属的一种安慰，也是出于避邪逐煞的心理考虑。

酒在藏族祭祀文化中的地位同样非常重要，早期社会生产率低，酿酒被视为一种高规格的活动，酒也被看作是一种奢侈品。因而仅为帝王、显贵供用，一般百姓很难饮之。在祭祀活动中，酒作为稀少、美好的东西，献给上天，是一种人与神的沟通交流，所以，此时酒已经上升为精神方面的东西，祈求上天能护佑人民。根据敦煌出土的古藏文物《本教丧葬仪轨》记载，早在吐蕃时期，酒就作为一种与上天沟通的媒介而用于祭祀当中。每次在敬献供品前要先敬上一瓢酒，敬献供品后还要敬上三瓢酒。

"国之大事，唯祀与戎。"戎就是武，祀代表着文。武用于安内攘外，文则能够安抚人心。一文一武，方得天下盛世。在藏族文化中，祭祀的含义具有佛教化的意蕴，是为祈福、求愿，核心则为供奉，包括食物、饮品、器物等实物，也包括思想、意念等。酒在祭祀活动的供品中必不可少，藏族人相信天地万物皆有神灵，因而"凡饮酒，先酹之，以祭天地"。民间祭祀中，以酒特别是青稞酒作为供品的频率很高。在卫藏地区，大多数藏族百姓都会酿制青稞酒，它不仅是祭神的供品，也是煨桑（藏语音译词，意为清洗、消除、驱除、净化之意）时的祭酒。

第二节　高原酒品

一、青稞酒

藏语里，青稞酒叫作"羌"，由谷物青稞制……稞酒是藏族人最喜欢的酒，在过节、婚庆、迎宾等活动中必不可……多神话传说是关于青稞酒的起源的，前面讲的天神儿子投凡人间……种子就是一例。此外，还有一个"南望山——金塔酒传奇"的……为生动。传说，有一个姑娘美丽善良，一日路过南望山，竟被……姑娘不从，恶神便从中作梗，使得天下大旱、民不聊生。姑娘见恶神如此歹毒，便跃入山涧，变成了一匹红色海马，并化作汩汩泉水，滋润万物。上天为感念姑娘的义举，便将恶神镇压在泉底，将泉命名为海马泉。清初，张廷玉奉康熙帝之命前往西藏册封达赖、班禅。路过海马泉，听说了泉水的传说，便取其水，以青稞为原料精心酿制成了酒，并告知达赖、班禅，帝喜酒。是年，由他们将酒献给了康熙帝，康熙帝喝下顿觉神清气爽，回味怡畅，便问张廷玉，这是什么酒？张廷玉说，这是藏传圣地的青稞酒。从此，青稞酒成为每年进贡的物品。

这个传说显然跟青稞酒实质的起源有着很大的出入，因为文献记载，早在吐蕃时期，藏族就掌握了青稞酿酒的技术。但也能从中感受出，藏族乃至整个华夏民族对青稞酒的喜爱，特别是得到高高在上的帝王的青睐，其酒品地位可想而知。还有一个“龙王仙丹育青稞，王母玉液酿美酒”的神话传说，讲的是远古时期，西王母在昆仑山宴请周穆王时，派青鸟去蓬莱采集美食。青鸟回归时，不慎将一物掉在了龙王山下，却见那物很快生长出了一片绿油油的麦田，人们称之为青稞，养育了一方儿女。后来，八仙云游到此，向一老妪讨茶，老妪便取井水泡茶给八仙喝。八仙尝一口，不禁神清气爽。至井口一看，发现井水乃是神水。为感谢老妪施茶之恩，铁拐李便将西王母送他的瑶池仙酿倒入井内，并告诉老妪，可取此水酿酒，后来老妪便在井旁建起烧酒坊，酿起青稞酒来。

时至今日，青稞酒已成为藏族文化的代表之一。它醇厚清香，饮后头不痛，口不[illegible]，被誉为“高原明珠、酒林奇葩”，在当前高手如林的酒行业中独树一帜。2011 年[illegible]青稞酒及其酿造技术被评为中国三类非物质文化遗产。

青稞[illegible]要有青稞白酒、青稞低度酒等。青稞白酒酒精度数在 40% ～ 60% [illegible]青稞低度酒则在 3% ～ 5% 之间，颜色微黄，味甜。藏族传统的青稞酒酿[illegible]和过程是这样的，首先要挑选光泽饱满的上等青稞，洗净淘干，但不能[illegible]长。然后，将青稞倒进锅里，以多于青稞容量三分之二的水进行烧煮，[illegible]的水被青稞完全吸收。这时，就要注意火候的把握了，火不能太旺，[illegible]要用木棍上下翻动青稞，以便青稞全部熟透。可以用手捏一捏，如[illegible]就要继续加水煮。8 成熟的时候，就可以把部倒完，以免他们会因为对死者的离去而悲痛伤心饮酒消愁。可以说，藏族丧葬文化中的酒是对死者家属的一种安慰，也是出于避邪逐煞的心理考虑。

酒在藏族祭祀文化中的地位同样非常重要，早期社会生产率低，酿酒被视为一种高规格的活动，酒也被看作是一种奢侈品。因而仅为帝王、显贵供用，一般百姓很难饮之。在祭祀活动中，酒作为稀少、美好的东西，献给上天，是一种人与神的沟通交流，所以，此时酒已经上升为精神方面的东西，祈求上天能护佑人民。根据敦煌出土的古藏文物《本教丧葬仪轨》记载，早在吐蕃时期，酒就作为一种与上天沟通的媒介而用于祭祀当中。每次在敬献供品前要先敬上一瓢酒，敬献供品后还要敬上三瓢酒。

“国之大事，唯祀与戎。”戎就是武，祀代表着文。武用于安内攘外，文则能够安抚人心。一文一武，方得天下盛世。在藏族文化中，祭祀的含义具有佛教化的意蕴，是为祈福、求愿，核心则为供奉，包括食物、饮品、器物等实物，也包括思想、意念等。酒在祭祀活动的供品中必不可少，藏族人相信天地万物皆有神灵，因而“凡饮酒，先酹之，以祭天地”。民间祭祀中，以酒特别是青稞酒作为供品的频率很高。在卫藏地区，大多数藏族百姓都会酿制青稞酒，它不仅是祭神的供品，也是煨桑（藏语音译词，意为清洗、消除、驱除、净化之意）时的祭酒。

第二节　高原酒品

一、青稞酒

藏语里，青稞酒叫作“羌”，由谷物青稞制成。青稞酒是藏族人最喜欢的酒，在过节、婚庆、迎宾等活动中必不可少。有很多神话传说是关于青稞酒的起源的，前面讲的天神儿子投凡人间寻找青稞种子就是一例。此外，还有一个“南望山——金塔酒传奇”的传说，也较为生动。传说，有一个姑娘美丽善良，一日路过南望山，竟被恶神相中。姑娘不从，恶神便从中作梗，使得天下大旱、民不聊生。姑娘见恶神如此歹毒，便跃入山涧，变成了一匹红色海马，并化作汩汩泉水，滋润万物。上天为感念姑娘的义举，便将恶神镇压在泉底，将泉命名为海马泉。清初，张廷玉奉康熙帝之命前往西藏册封达赖、班禅。路过海马泉，听说了泉水的传说，便取其水，以青稞为原料精心酿制成了酒，并告知达赖、班禅，帝喜酒。是年，由他们将酒献给了康熙帝，康熙帝喝下顿觉神清气爽，回味怡畅，便问张廷玉，这是什么酒？张廷玉说，这是藏传圣地的青稞酒。从此，青稞酒成为每年进贡的物品。

这个传说显然跟青稞酒实质的起源有着很大的出入，因为文献记载，早在吐蕃时期，藏族就掌握了青稞酿酒的技术。但也能从中感受出，藏族乃至整个华夏民族对青稞酒的喜爱，特别是得到高高在上的帝王的青睐，其酒品地位可想而知。还有一个“龙王仙丹育青稞，王母玉液酿美酒”的神话传说，讲的是远古时期，西王母在昆仑山宴请周穆王时，派青鸟去蓬莱采集美食。青鸟回归时，不慎将一物掉在了龙王山下，却见那物很快生长出了一片绿油油的麦田，人们称之为青稞，养育了一方儿女。后来，八仙云游到此，向一老妪讨茶，老妪便取井水泡茶给八仙喝。八仙尝一口，不禁神清气爽。至井口一看，发现井水乃是神水。为感谢老妪施茶之恩，铁拐李便将西王母送他的瑶池仙酿倒入井内，并告诉老妪，可取此水酿酒，后来老妪便在井旁建起烧酒坊，酿起青稞酒来。

时至今日，青稞酒已成为藏族文化的代表之一。它醇厚清香，饮后头不痛，口不渴，被誉为“高原明珠、酒林奇葩”，在当前高手如林的酒行业中独树一帜。2011 年，青稞酒及其酿造技术被评为中国三类非物质文化遗产。

青稞酒主要有青稞白酒、青稞低度酒等。青稞白酒酒精度数在 40% ～ 60% 之间，青稞低度酒则在 3% ～ 5% 之间，颜色微黄，味甜。藏族传统的青稞酒酿制方法和过程是这样的，首先要挑选光泽饱满的上等青稞，洗净淘干，但不能洗得过长。然后，将青稞倒进锅里，以多于青稞容量三分之二的水进行烧煮，直至锅中的水被青稞完全吸收。这时，就要注意火候的把握了，火不能太旺，煮的同时要用木棍上下翻动青稞，以便青稞全部熟透。可以用手捏一捏，如果捏不烂，就要继续加水煮。8 成熟的时候，就可以把

青稞酒

锅端下来，晾上20～30分钟。然后，将尚有温热的青稞摊开在铺好的干净白布上，开始撒酒曲。注意酒曲要撒匀，撒的时候也要注意青稞的热度，太热青稞会变苦，太凉青稞发酵会不好。酒曲撒完之后，就可以将青稞装起来，用保暖的东西包好，等待着慢慢发酵了。一般来说，夏季2夜之后就能发酵，冬季3天以后也会发酵。温度合适的话，通常一夜之后就能闻到酒味，如果一天之后还没闻到酒味，就要装一瓶子开水，放在青稞附近。待发酵好了，就可以将它装入带有过滤的陶质容器中了，要是急着饮用，加水泡4个小时过滤即可。如果不馋嘴的话，可以先把锅口和滤嘴封起来，按需加水就行。

作为高原第一酒，青稞酒具有极高的营养价值。青稞酒的主原料是谷物青稞。青稞是世界上麦类作物中葡萄糖含量最高的农作物，能够提高人体的免疫力，调节生理节律，对糖尿病、结肠癌、心脑血管疾病也有预防作用。青稞酒中含有独特的支链淀粉，能够抑制胃酸过多，也含有丰富的膳食纤维，能够清肠通便、清除体内的毒素。同时，青稞酒也含有铁、铜、钙等人体所需的微量元素，这对于人体的健康都是大有裨益的。

二、藏白酒

藏白酒藏语名叫“博让”，这是白酒（藏语名为“阿让”）进入藏族聚居区后专称的。白酒起源于何时？《吕氏春秋》记载，酒是由一个叫仪狄的人发明的。西汉刘向在《战国策》中则说：“昔者，帝女令仪狄作酒而美，进之禹，禹饮而甘之。”可见，它的历史至少有4000～5000年。白酒的酿造离不开酒曲，《尚书说命》记载：“若作酒醴，尔为酒蘖。”《说文解字》指出：“蘖，芽米也。”《天工开物》说：“古米曲造酒，蘖造醴……”曲蘖指的就是酒曲和发芽的谷物。

事实上，早期的酒多是青稞酒样的酿造酒，蒸馏酒是在后期才异军突起的。“荔枝新熟鸡冠色，烧酒初开琥珀香”，这是白居易在诗句中写到的，可见在唐代时，蒸馏酒即烧酒流传开来了。李时珍在《本草纲目》中不仅提到了蒸馏酒，还详尽描述了它的烧煮方法，“用浓酒和糟入甑，蒸令气上，用器承取滴露……近时唯以糯米或黍或大麦蒸熟，和曲酿翁中七日……味极浓烈，盖酒露也”。这为白酒的起源提供了重要的依据。

作为世界上六大蒸馏酒的白酒，它色泽清澈透明，香气馥郁芬芳，味道甘润柔和，长期以来都深受人民的喜爱，有着广阔的国内和国际市场。白酒传入藏区后，藏族人民对它也产生了浓厚的兴趣，并根据自己的方法开始酿制自己的白酒，即藏白酒。与青稞酒的酒精度不同，由于此处用的是两次蒸馏法，因此它的酒精度要比青稞酒高出很多，可达30度左右。一般来说，藏族民间酿造藏白酒都是自己饮用或送给亲友，很少用于出售，以西藏东部芒康一带和后藏亚东一带所产最为有名。

藏白酒传统的酿制方法是这样的，先准备好发酵好的酒粮，通常藏族人民会使用青稞酒粮，然后将其倒在一口锅底铺着几层麦秆的生铁锅或“汉阳”铝锅里，掺水适量。接着就要在锅中央支起3个木杈架，将接酒用的陶罐置于其上，并用一口口径相当的锅反扣在上面，接缝处用密封条封严。上述准备就绪，就可以架柴生火了，青冈木是酿造白酒的好柴，生火时要注意火候。这时候，随着蒸腾起来的热气，酒粮会遇阻变成蒸馏水落在陶罐里，使得陶罐里的蒸馏水越来越多。最后当陶罐满了，取出来，罐内就是清澈透明、香气四溢的藏白酒了。

藏白酒具有很高的营养价值，它不同于黄酒、啤酒和果酒，在微量元素上几乎不含钙、磷、铁，只含有极少量的钠、铜、锌，剩余的是水和乙醇（酒精）。白酒具有抗寒提神的功效，我们常在影视作品中看到身处严寒之地的人会饮用白酒，依据的就是白酒的这个功效。此外，白酒还有活血通脉、增进食欲、消除疲劳的作用。适量饮用白酒，可以扩张小血管，促进血液循环，降低血糖含量，延缓血管壁中的胆固醇沉积，对于人体的心脑血管与循环系统是非常有利的。

第三节 酒器

藏族酒文化源远流长，不光是因为其酒歌、酒俗、酒品闻名遐迩，其酒器也为其文化的传承与发扬添加了浓墨重彩的一笔，立下了汗马功劳。拉萨曲贡考古遗址出土的陶质酒杯证明了早在 3000 年前，藏族就拥有了自己的酒器。这些酒杯名曰黑陶酒杯，其主要以夹细沙的黑陶为主，表面打磨光滑，杯壁上刻有几何图纹，足以显示出雪域高原先民们伟大的创造力和对酒文化的突出贡献。至今，藏族仍保留着制作陶质酒器的习俗，其中雪鸡酒器极具特色。

一、雪鸡酒壶

雪鸡酒壶

在青藏高原上生活着一种野生的飞禽，藏族唤之雪鸡。它以植物的茎、根、叶、芽等为食，昆虫和小型无脊椎动物也是它的最爱。藏族人独具匠心，细致观察雪鸡的形态特征，在此基础上仿其外貌制作了雪鸡酒壶。雪鸡酒壶整体呈鸟状，壶底圆形，壶嘴呈现于两翼之间，形制美观，体现出了藏族人民丰富的想象力与创造力。

二、僧帽酒壶

僧帽即出家人戴的帽子。在佛教典籍中，佛祖事实上并没有规定僧帽的具体形制，因而流传到后世佛教中，不同宗派、不同国籍僧帽皆有不同。我国的僧帽壶主要有 3 种，即李茂林款式、时大彬款式和“高”僧帽壶。其特点都是壶口似僧帽状，口沿上翘，前低后高。藏族是对佛教极其信笃的少数民族，受自身地理环境、民俗文化等因素的影响，质地及大小各有所别。如有铜质的，壶嘴及壶把上镶有银色花纹；有陶质的，壶壁上绘有彩色的瑞果；在拉萨一带，也有纯银打制的僧帽壶。

三、木质酒壶

藏族也有最原始、最古朴、最自然的酒具，即木质酒壶，主要存在于树木较为繁茂的藏区。制作时，先将木头刨片，一片片并起来形成一个筒状。然后用藤条绑紧，并利用木片上的枝丫巧妙地制作出壶嘴。接着，还需要在水里浸泡一段时间，以等待木片膨胀，相互咬合，使得仅存的缝隙也化为乌有。不得不提的是，这里的温酒器也十分有特色。表面上看，它与一般的酒壶并无两样，嘴长、肚鼓、柄弯，但仔细一看就会发现，壶肚内还伸出了一根圆柱形的炭管，烧红的炭块就是在这里盛着来保持酒的温度的。

四、其他酒具

牛角酒壶

高原上有肥壮的牦牛，牦牛的皮和角都可以用来制作酒具。用牦牛的皮制作的皮囊，因为使用方便，得到了藏族牧民的青睐，据说其形制还是从西亚沙漠流传过来的，并沿用至今。用牦牛的角制作的角质酒壶同样是一件不可多得的酒具，它不仅结实耐用，一定程度上还彰显着藏族小伙英勇的男子汉气概，受到了藏族牧民的喜欢。

从蒙古流传进藏区的马挂壶，也称扁壶，其形制是从皮囊演变而来的。在制法上采取的是压模的方式，至今很大一部分金属制马挂壶采用的还是这种制作手法。通常，马挂壶的器壁上会有形式各异的图纹，尤以青蛙造型最是精彩别致。马挂壶携带方便又不易破损，这为长期骑居在马背上的藏族牧民带来了便利。

还有一些酒器是在节庆时使用的，也别有一番特色。其中，有一种是使用核桃木制作的酒碗，碗内壁和碗底皆用纯银或纯金包裹，只在外壁露出木质的纹理，看起来不但美观而且气派。在一些农区进行婚嫁时，还会在礼堂中央摆置一口陶质的大缸，缸呈黝黑色，里面装满香气扑鼻的青稞酒，边上还要挂几个铜质的大勺，用来将缸里的青稞酒盛入小型的银质酒壶中。一般来说，这些银质酒壶的口径都在 20 厘米左右，也难怪有些外地的游客一听藏族那三口一杯的习俗，酒未入口，人就已经先醉了呢！

第四节　酒的价值及功能

一、酒的价值

酒是藏族文化中一个重要的元素，它虽然不是藏族生活中必备的饮品，但从古至今，藏族人从没有远离它。究其根源，就在于它的价值，不仅在于它作为酒这一属性本身的价值，能满足藏族人民生理上的需求，还在于它作为一种文化现象，能够满足藏族人民的精神需求。

（一）解渴价值

酒能解渴，这是它具有的最基本的价值。众所周知，藏族是一个饮食结构较为单一的民族，在牧区生活的牧民们常日与土地为伴，体力劳动是他们几乎每天要做的事。如此，不可避免地就要遇到口渴的问题。因而，他们在外出劳作时一般都会带上一壶青稞酒以备不时之需。与茶比起来，酒携带方便不说，还不用生火沸煮，可直接饮用，为牧民节省了不必要的劳动，获得了更多的劳动和休息的时间。

青稞

（二）保健价值

酒能够保健，藏族最主要的酒是青稞酒与藏白酒，主要的原料是农作物青稞和荞麦。青稞是一种低脂肪、低糖的谷物，富含较高的维生素、纤维素和蛋白质。西藏的青稞由于受地理位置与气候环境的影响，还富含很高的 β-葡聚糖。这是一种对人体很重要的元素，不仅能抗癌、降血脂，还有降血糖的功效，其含量平均值为5.25%，这远远高于皮大麦、小麦和燕麦。再说荞麦，荞麦的膳食纤维含量要比一般的精制大米多 10 倍，铁、锰、锌等微量元素的含量也比一般谷物高。在功效上，荞麦有开胃宽肠、下气消积、治绞肠痧的功效。这都对人体的健康极为有利。

（三）社会价值

有文献记载，早在吐蕃时期，藏族人就掌握了一定的酿酒技法。《萨格尔王传》记载，藏族曾按不同的酿酒方式，酿制了年酒、月酒与日酒，还用酒制作了饭团，即是有力的佐证。时至今天，藏族的酿酒历史已有千年，在这漫长的历史进程当中，藏族形成了自己有别于其他民族的独特的酿酒技术、酿酒设备与酿酒器具。这一方面是藏族生产力进步的体现，也推动了社会经济的发展。另一方面，也为人们认识了解、分析研究藏族的酒文化提供了有力的参考，对于继承与发扬藏族的酒文化至关重要。

（四）精神价值

“明月几时有，把酒问青天。”酒从来都是物质与精神的有机结合体，于人生的悲欢离合之中扮演着重要的角色。我们在上面已经讲过，藏族无论是在节日、结婚，还是在丧葬、祭祀，甚至是在迎宾送客的时候都要用到酒。举杯畅饮，载歌载舞是藏族传情达意、交流互动的重要形式。而一旦少了酒，一些仪式就会变得寡淡无味，就会变得不甚隆重。同时，酒也是人际关系的催化剂，大家适量饮酒，可以振奋精神，活跃气氛，拉近彼此的距离。所以说，酒，“天之美禄也”“少饮则和行气，壮神御寒，消愁遣兴”，它不仅为藏族人抵御高原严寒提供了一臂之力，在人们生产生活中也扮演着增添乐趣的重任。

二、酒的功能

（一）藏族节日的刺激作用

每个民族都有自己的节日，相较来说，藏族的节日更加丰富多彩、异彩纷呈，它既是藏族社会历史的一面镜子，也是藏族民情风俗的一幅壮丽画卷。藏族节日一般分为民间性节日与宗教性节日。民间性节日包括沐浴节、望果节、藏历新年等，宗教性节日包括降神节、燃灯节、萨嘎达瓦节和雪顿节等，这一切都是我国传统文化、宗教文化与民俗文化的重要组成部分。在藏传佛教中，酒其实是被禁戒的，因而宗教性节日几乎不用酒。但酒作为人们传递感情、表达情绪的媒介，在民间性节日中却从未缺席，并有效刺激着民间性节日的高潮发展。

在藏区，藏历新年无疑是最为隆重的节日，十二月中旬，拉萨就要开始为藏历新年的来临做准备了。这时候，炸“卡赛”和备“切玛”将是每家每户需要做的事情。到了十二月二十九的晚上，全家人会围坐在一起吃“面疙瘩”，藏语叫作“古突”。吃完“面疙瘩”，就是隆重的送鬼仪式。初一一早，各家都会去河边或井里提回新年的第一桶水，寓意健康长寿。然后，家人就会按照辈分坐下吃“人参果饭”，期盼新的一年吉祥如意。饭后每个人会抓几粒青稞撒向天空表示祭神，女主妇会端来用青稞酒、糖、糌粑以及少许的酸奶渣制作而成的“羌古”供家人享用。从初二开始，就是到走亲访友的时候了。客人进门道声“洛撒扎西德勒”，主人会立即手中捧着“切玛”迎上去回敬一声“扎西德勒”。随着主客一同进屋，主人就要端起青稞酒壶与银质的青稞酒碗，请客人饮酒了。为了表示尊敬主人，客人需要三口一杯，如果客人喝不完，主人会请亲朋好友唱酒歌，歌声结束时，客人需一饮而尽。

不得不说，在藏历新年里，酒是主要的饮品，这不仅是因为它能够增添节日欢快的气氛，还在于当所有的亲戚朋友聚在一起时，喝点酒能够陶冶情操，拉近彼此的距离。酒为藏族的节日带来了巨大的乐趣，节日没有酒，就会像寡淡的白开水一样失了味道。酒使得藏族节日更加活泼、更加生机勃勃，同时藏族人民的心在酒的作用下也敞了开来，人与人之间变得简单单纯，能够畅所欲言、开怀畅饮。

（二）藏族婚俗的媒介作用

人生有三大喜，其中之一便是“洞房花烛夜”，可见结婚生子对人的重要性。婚姻是爱情的结晶，是延续生命的人生礼仪。藏族把求婚称之为“拢羌”，“拢”是乞讨的意思，“羌”指的是青稞酒；把结婚称之为“羌萨”，“萨”是土地的意思，也就是说结婚是“饮酒的地方”。显然，藏族对于结婚饮酒这件事是十分看重的。受地理位置、气候环境、社会经济及传统文化观念的影响，藏族的婚姻主要有择婚、求婚、订婚和结婚几个婚姻习俗步骤，而在整个过程中，酒绝对必不可少，几乎是贯穿始末，这体现出了藏族喜爱酒及酒对于婚姻的媒介功能。

男女双方到了婚龄之后，父母就要为他们择婚了。这时，父母会暗中挑选与自己家地位相当的姑娘或小伙，请人带上青稞酒与哈达去上门提亲。如果对方欣然收下哈达，饮下青稞酒，那么就表示提亲成功了，可择日进行求婚。反之，则表示婉言谢绝。在求婚前，卜算男女双方的年龄、生辰和属相是否相合必不可少，若相合了，男方家庭就会派出地位最高的父辈或兄弟手捧哈达与青稞酒去女方家提婚。女方家要是不同意，便不收哈达，不饮酒。若是同意了，则需收下哈达，饮一半酒，男方带着另一半酒回家报喜。然后，男方家就要和女方家商议订婚的事宜了。订婚就是男女双方家庭与证婚人一起拟定婚约。婚约的内容一般是男女双方要孝敬长辈、互敬互爱、团结家庭等有关德行的内容和一些关系到陪嫁财产与日后继承的事宜。订婚时，男方送给女方全家的礼物是一条哈达和一份礼品，且是每人一份。女方则要备好茶、酒、饭等，招待男方家人和证婚人。举行婚礼的前一天，男方家庭还要将一条漂亮的服饰用绸缎包裹好送到女方家中。迎亲时，男方家庭要组织一支迎亲队伍，前方由一位手持唐卡的喇嘛开道，意思是驱邪迎福。在迎亲队伍即将到来时，女方要举着“切玛”、茶和酒来准备告别仪式。最后经过烦琐的进门仪式后，亲朋好友要按顺序献上哈达和酒，以示祝贺，此后家人就要开始宴请宾客了。

可能一些藏区的婚礼仪式与此有所差异，但酒在其中的作用却基本一致。如青海安多藏区，提亲时必须带提亲酒，如果女方答应了，需要邀请村里的长者和媒人一起喝订婚酒，并且一旦喝了，就算正式订了婚，不能中途退婚。迎亲的时候，途中要设迎亲酒，新娘离开家时要饮辞家酒，婚宴中主客要饮庆婚酒。这样欢声笑语，饮酒庆祝，热闹 3 天，婚礼才算圆满完成。

当一个新的家庭组建完毕之后，藏族人还会用新媳妇酿制的青稞酒的好坏来判定她是否贤惠能干。由此可见，酒特别是青稞酒在藏族婚礼中的作用绝不是普通的饮品那么简单，还具有重要的精神层面的功能，并深深地扎根在了藏族人民的心田。只有借助酒，才能深切地表达出藏族对婚礼的重视，体现出婚姻的神圣感。它贯穿于整个藏族婚姻习俗的始末，正是因为有了它，人与人之间的交流沟通变得更加丰富，并具有仪式感。饮酒、拒酒这些看似简单的动作实则是酒作为婚姻媒介的功能体现，它将藏族男女双方家庭的心思表现得一览无余。

（三）藏族生活的调节作用

酒文化作为民俗文化的一种，是人类文化的历史产物，具有地域性与群体性，是意识形态的外化。因而，不可避免地要在人的主体精神和客体社会相互作用的结果下生发出来。在民俗学中，有一种功能叫作调节功能，指的是通过民俗活动中的娱乐、宣泄、补偿等方式，使人的生理和心理得到调剂。诚然，人作为自然界里最高等的生物、最有智慧的生物，喜怒哀乐总是伴随着一生。在生理或心理上，不管是压抑也好兴奋也罢，如果不能及时地宣泄表达出来，那对人的健康来说都是一种伤害。藏族酒文化对于藏族人的生活来说，具有一种调节的功能。他们在某些场合或节日里饮酒狂欢、放声高歌，正是为了心理宣泄。

俄罗斯学者巴赫金指出，狂欢是人类生活中具有一定世界性的特殊的文化现象，他将“狂欢化”作为一个文化美学术语提了出来。藏族酒文化拥有着 4000 年左右的历史，它的主题在于讴歌生命，对生活充满希冀，因而为了生命狂欢、为了生活狂欢一直是藏族人想要表达的情感。通过饮酒狂欢，藏族人积极乐观、开朗活泼的性格尽显无遗；通过饮酒狂欢，藏族人热爱生命，顶礼佛法的原始崇拜心理亦一览无余。

此外，藏族人际间的交流与互动也在酒文化中得到了调节。很多时候，藏族人是不用语言来交流的，酒成为人们互动交流的主要媒介。酒伴随着人们走过出生、婚嫁、死亡等各个阶段。比如，孩子降生要举行出生礼，酒必不可少。在婚姻的整个过程，酒更是作为求婚、订婚、婚礼的重要媒介贯穿始末。再如，迎宾送客的时候，酒也成为一种重要的饮品，体现着主客间的尊敬与礼让。可以说，没有酒，藏族人际间的交流将变得索然无味，各种活动的实施也会变得毫无生机。而正是因为有了酒，有了酒的调节功能，使得人与人之间变得热情和谐，使得藏族文化更加丰富多彩。

第五节　酒的地位及影响

一、地位

酒在藏族文化中至关重要，这不言而喻。但事实上，酒在藏传佛教的思想观念中，是被禁止的。大家都知道，佛教是藏族的主流文化，在藏族人民的心中占据着重要的地位。毫不夸张地讲，藏族的一切文化都与藏传佛教有着很深的渊源，对藏族文化的形成具有重要的影响。但反过来，藏族的世俗文化其实也在影响着藏传佛教的发展，比如酒就是一例，所以说藏传佛教是外来宗教与西藏本土文化相互协调的产物一点也不为过。

那么，缘何说酒是一个例外呢？在于佛教主张的“出世”观念，即要求人们皈依“三宝”，摒弃“三毒”——贪、嗔、痴。显然，在这里，酒是一种物欲，理应被抛弃。俗话说“酒是穿肠毒药，色是刮骨钢刀”，酒容易让人乱性，这对于佛家修行来说是万万要不得的。所以，佛教有不杀生、不偷盗、不淫邪、不妄语、不饮酒的入门规定。

但是，酒对于藏族人来说却又是离不开的。说这是非佛教化的思想也好，说这是“酒肉穿肠过，佛祖心中留”的观念也罢，总之，酒始终是藏族人喜欢的饮品，特别是在许多关键的场合，如节日、婚宴、祭祀、丧葬等更是不可或缺的。所以，酒在藏族文化中的地位，用一个词或几个词来形容还真不好界定。它既是一种饮品，能够解决藏族人民的生理需要，也是一种精神物，能够使藏族人民感到心灵慰藉。同时，它也是一种媒介，承担着一些场合、一些活动的重要任务。

二、影响

也正是占据着这样的一种地位，藏族的酒文化独树一帜，在华夏文化中熠熠生辉。一方面，藏族酒文化中“饮酒要节制”的观念影响着人们正确饮酒、节制饮酒的思想。这里，有一个在藏族百姓中流传已久的故事。说的是有一位僧人遇到了一位牵着山羊、带着酒罐的女人。女人请僧人或喝酒，或杀羊，或和她发生关系。僧人反复思考后，觉得这三个中只有饮酒罪孽最轻，于是选择将酒喝下。但不曾想，酒后乱性，把另外两件事也做了。藏族的这个故事就是要劝诫人们酒可以喝，但需少喝，不能酗酒。为此，藏族人还把酒的作用分成了使人冲动、使人肆无忌惮、使人怨恨、使人易被引诱、使人暴躁、使人发怒、使人变坏、使人不能明辨、使人不健康等 9 种。这都是在告诫人们要建立一个积极向上、健康有度、无功利性的饮酒观，以宣扬酒积极的一面，抑制其消极的一面。

另一方面，藏族的酒文化作为中华民族文化的有机组成部分，一直丰富着、推动着华夏文化的发展。中华民族源远流长，拥有着 5000 年的文明发展史。56 个民族相濡以沫，携手并进，不管是在战争年代还是在和平年代都从未孤军奋战，背道而驰。在这漫长的历史进程之中，中华民族形成了太多美好的文化，有的甚至令世界瞩目，如诸子百家的洋洋洒洒，琴棋书画的样样精通。酒文化作为这一系列文化中不可或缺的部分，无论是在起源、酿制、饮用，还是在酒具、酒俗、酒品上都精彩纷呈。藏族酒文化，作为藏族之于酒的独特思考与沉淀，自然丰富了中华民族酒文化的内涵，并为人们深入了解酒文化提供了有力的参考。

第六节　藏族酒文化的变迁

随着时代的发展、社会的进步，藏区的社会经济与政治都发生了很大的变化，先进的科学技术与生产力水平将不同地域、不同民族文化的群体紧密联系在了一起，便捷的交通工具与通信设施也打破了雪域高原大山江川的阻隔。报纸、广播、电视，特别是互联网的普及，更将世界融合为一个整体，人们即使足不出户，也可迅速了解世界各地正在发生的各类事件。碎片时代，信息爆炸，这一切都使藏族在不断审视着自己的文化价值观念。在这一影响下，藏族的酒文化也在发生着一定程度的变迁。这种变迁一方面继承了传统习俗，但同时也注入了一些新的元素。

一、多元化

青稞酒以藏族本地生产的青稞酿制而成，酒精度较低，味淡、略酸，是藏族人最喜爱的酒品，时逢过节，丧葬祭祀，迎亲送友，都不可或缺。现在，随着越来越多的藏族人迁居城市，一些年轻人开始喜欢上了啤酒。与青稞酒相比，啤酒的味道、品性与之相似，但饮用起来却比它更加方便，因此得到人们的欢迎也在情理之中。更重要的是，虽然科技发展了，但藏族家庭酿制青稞酒的水平仍停留在手工酿制、祖辈口授身传的水平上，不同家庭酿制的质量也各有所别，即便是一个家庭不同时代酿制的青稞酒也相差悬殊，因而如今年轻一代已不再愿意花费大量的时间去酿制青稞酒了，这也是他们为什么会选择购买啤酒或白酒。总而言之，就像巴桑旦巴认为的那样，当代的藏族年轻人对传统文化已不再是盲目地迷恋了，他们喜欢吸收外来文化，能够抱着借鉴、宽容的态度将这些饮食文化与本民族的特征连在一起。这事实上是解放了藏族的酒文化的，使之冲破了宗教的束缚，促进了它的多元化发展。

二、商业化

早前，藏族人酿酒只是单纯自饮、迎宾送客或赠予亲戚朋友，随着商业市场大门的敞开，思考如何将藏酒产销出去，也成为藏族人关注的一个问题。诚然，酒具有商品的属性，理应加入市场的竞争当中。那么，当前的酒市场几近饱和，怎样才能提升其商品的竞争力，从而占据一席之地呢？仔细观察就会发现，在藏区出现的酿酒行业中，将酒文化渗透到企业文化中，冠之以“文化酒”的名称字样屡见不鲜，专家学者和普通公众对这样的酒也表现出了浓厚的兴趣。由此可见，酒即使在商业背景下，也不是简单地以酒的物质属性呈现，其自身具备的内涵与营养才最为关键，也才能更加获得人们的青睐。

在这种情形下，首先是青稞酒得到了发展，三星、互助、天佑德等青稞酒品牌应运而生，青稞窖酒、青稞礼品酒、青稞虫草酒等各种青稞酒样式也层出不穷。如今，将青稞酒作为一份礼物在逢年过节时带给亲朋好友已成为

青稞酒

一种习惯。清香纯正、绵甘柔和、醇厚爽净，用这样的词来形容青稞酒一点也不为过。而青稞酒在各大展销会、博览会和糖酒会上的隆重登场，也让人们看到了其市场化、国际化的魅力。再者是藏白酒也作为商品流通到了人们的餐桌上。在过去，藏白酒多是藏族人自酿自饮的食品，改革开放的春风吹遍神州大地之后，藏族人发现了藏白酒在社会市场经济大潮中的价值地位，纷纷建造酒坊，甚至办起更大的酒厂，以盼能够致富奔小康。时至今天，藏白酒不仅在藏区内销售得很好，在外地的销售量上也是与日俱增。越来越多的人开始品尝它、体会它，就像在品味藏族的酒文化一样。

酒是人类最伟大的发明之一，呈现的文化内涵丰富多彩，孕育的文化底蕴非常深刻，因而，绝不仅局限于饮食习俗那么简单，还涉及民族文化这个更深层次的东西。藏族人，是雪域高原的主人，受地理位置、气候环境与民俗文化的影响，酒一直是其生产生活中不可分割的一部分。无论是老人还是孩子，也无论是日常活动还是敬神祛邪，酒都与其结下了不解之缘。酒不但提供了一种生理上的物质享受，还在精神上给藏族人民带来了愉悦。不得不承认，藏族人把酒所具备的功能充分运用到了自身的劳作生活当中，将酒的娱乐性、刺激性、媒介性等发挥得淋漓尽致。藏族酒文化的地位不言而喻，其影响也引人注目。它的“饮酒要节制”，反映着它对酒的认识观，告诫着人们要科学饮酒，以从酒中获得乐趣而不是被酒迷惑丧失了理智。它作为中华民族酒文化的有机组成部分，丰富了酒文化的内涵，同时也让人们能够通过这些酒俗、酒器、酒品等进一步了解藏族的酒文化，供人们进一步研究藏族的酒文化。唯有民族的才是世界的，藏族的酒文化为我们认识世界打开了一扇明亮的窗口。

第七节　游客眼中的拉萨酒文化

拉萨除了建筑和风光，最具特色和最值得游客前往的地方当数拉萨的酒吧。拉萨的酒吧大致分为两类，一类是本地人常去的酒吧，大致在巴尔库路、江苏路、北京中路等地，另一类则是旅游者喜欢去的酒吧，大多数在老城区，如八廓街和北京中路一带。

拉萨街头

老城区内的酒吧虽然不及祖国内地酒吧精致高档，但也特色鲜明、个性十足。在这里你可以海阔天空地闲聊，可以结交到五湖四海的朋友，在这甚至酒也显得不那么重要，大家萍水相逢，倒更像是老友聚会。

来拉萨开酒吧的以外地人居多，他们不只为盈利，也为在闲适的生活中寻找一份乐趣，每天接待着来自五湖四海的游客，倾听着他们途中的闲情逸事。

来西藏旅游的旅游者一般不太愿意将祖国内地喝酒的方式带到拉萨的酒吧，一来是害怕在高原上饮过量的酒会引起高原反应等症状，二来在拉萨的小酒吧内感受这里的藏族元素，聆听藏族歌手的天籁之声比酩酊大醉更美妙。

拉萨的酒吧一般都有藏族风味浓郁的装饰，在任何一家酒吧，你都会看到老板创作的艺术火花绽放期间，一块刻着六字真言的石头，头顶悬挂的藏纸灯笼，木板墙上雕刻的仓央嘉措情诗，面目狰狞的藏式面具，每一件装饰品的摆设位置都恰到好处，绝不会让游客有唐突之感。

与祖国内地酒吧傍晚时分的喧闹相比，此时的拉萨酒吧显得更加落寞和孤独，拉萨的酒吧习惯于在夜晚 9 点后迎客，大部分的游客并不会将一整晚的时间花费在酒吧中，他们大多会选择深夜来到这里，听听酒吧演艺，品品拉萨啤酒，他们不喜欢拘泥于长时间的闲坐。

大部分游客喜欢几个人在一起聊聊各自旅游的感受，分享旅途中的快乐，

酒吧

研究下一站的行程，这是件特别舒服的事情。或者拿起几本杂志，或者是看看旅游者的留言本，也是件有趣的事情。要不然就是拿起笔记录当天的心情，会觉得心情特别舒畅。

在拉萨的酒吧喝酒，不在于强烈的酒精刺激，而在于品尝旅游途中的酸甜苦辣。

第六章

DI LIU ZHANG

拉萨饮食的交融

拉萨有自身古老的饮食文化，随着西藏的和平解放、民主改革等历史的不断演变，拉萨民族饮食也逐步地在实现着交流、交往与交融。拉萨饮食文化受到了外来饮食文化的影响，主要有其他藏区饮食文化、汉族饮食文化、回族饮食文化、外国饮食文化等。由于受文化交流、交往与交融，拉萨经济社会的变迁，旅游业的蓬勃发展，交通、观念、环境、价格等因素的影响，拉萨饮食文化也在不断地发生着演变。同时，随着拉萨饮食文化的演变，对外的地位与影响也在逐步地扩大，拉萨民族饮食文化的演变趋势也逐步走向外来化、商业化等。伴随经济社会与旅游业的稳步提升，拉萨的影响力也是与日俱增，其饮食文化必然受到众多游客的关注。

第一节　外来饮食文化的影响

一、我国其他地区对拉萨饮食文化的影响

（一）其他藏族地区饮食文化的影响

一般人认为藏族地区指的是西藏自治区，其实除了西藏，还有四省藏族地区，分别是甘肃藏族地区、青海藏族地区、云南藏族地区、四川藏族地区。他们的饮食和拉萨大致一样，但由于所处地理位置、气候特征不一样，饮食稍有区别，且相互影响、相互融合。简单介绍如下：

甘肃藏族的饮食丰富多样，农牧区之间差别较大，农区以面制食品为主，牧区以肉食及奶制品为主。糌粑及牛羊肉是牧区的常见食品，糌粑由青稞炒磨而成，吃时在龙碗里放上酥油，倒上水或松潘大茶及奶茶，拌和捏成团而成。糌粑还有一种吃法，即把糌粑加水捏成小勺一样的形状，盛上酸奶或汤一起吃掉。有些人将水辣椒、油拌蒜泥、辣子肉丁或肉炒蘑菇盛在糌粑捏成的勺子内一起吃掉，其风味很独特，藏语称“名挂斗麻”。糌粑易于保存，吃法简便，味香耐饥。“都玛”茶是牧区藏族群众的早餐，它的吃法是先在碗里放上少量炒面、干奶酪和酥油，再倒上茶水，待茶水喝完后，将炒面用手指搅着吃。牧区百姓除了像农区一样吃面条、油饼和藏包子，还吃“特谢”。其做法是把面挤成薄饼蒸熟，趁热加酥油和奶酪，拌匀后即成。牧区百姓宰杀牛羊后，第一顿要吃胸叉肉、血肠、肉肠、肝肠和面肠。

青海藏族地区特色饮食是灌肠，分为四类：一是肉肠，肠内装入肥瘦相间的肉丁；二是面肠，肠内装进油和面，有时也拌进一点野葱末；三是肝肠，肠内装入捣碎的肝，这种肠煮几开即出锅，吃起来柔嫩可口；四是血肠，肠内装入鲜牛羊血，有时加入少量油丁，这种肠只需要煮 1 个小时，当肠内的血变成半凝固状态时，就要及时出锅。

云南藏族地区特色饮食是奶渣，奶渣与酥油相伴而生，从牛奶中提制而

糌粑

成，奶渣呈白色、味酸，具有极强的帮助消化作用，外出藏族群众常带奶渣以防水土不适。如今在迪庆藏族地区各家食店餐馆均有煎奶渣的菜肴，其制作过程已经非常精细。“突巴”（类同上文中的“帕突”）可谓藏族的团圆饭，一般在腊月二十九享用，类似于祖国内地的面疙瘩。有些面团突巴里会包有石子、辣椒、木炭、毛线等。每一样都有特定的含义，石子表示在新的一年里心肠硬，毛线表示心肠软，木炭表示心肠黑，辣椒表示嘴如刀。这是一种饮食娱乐，无论谁吃到什么，都必须即席吐出。于是在哄堂大笑中，节日的气氛也就愈热闹起来。

四川藏族食用牛、羊肉讲究新鲜，民间吃肉时不用筷子，而是将大块肉盛入盘中，用刀子割食。牛、羊血则加碎牛羊肉灌入牛、羊的小肠中制成血肠。肉类的储存多用风干法，一般入冬后宰杀的牛、羊肉一时食用不了，多切成条块，挂在通风之处，使其风干。冬季制作风干肉既可防腐，又可使肉中的血水冻住，能保持风干肉的新鲜色味。四川、云南等地的藏族多将猪肉制成猪膘，以便于存储。制猪膘时去掉猪的头、蹄，剔除猪骨，四川藏族还要割下瘦肉，然后抹上花椒、香樟籽，撒上盐，缝合成方形，风干即成。云南藏族在将猪肉缝合之后，还要用一块重石板压着，称“琵琶肉”。食用时一圈圈切下，蒸熟后用刀切食，其色蜡黄，香而不腻。

藏族的炊餐灶具自成一体。在藏族地区，家家都备有酥油茶筒、奶茶壶。大部分地区的藏族人都以干牛粪为燃料，以铁三脚架为灶。云南藏族茶具、酒具、餐具喜用铜质品。其他地区的藏族喜用木碗并漆上红、黄、橙色的油漆。比较讲究的还要在碗上包银。牧区的藏族人都要随身佩戴一把精制的藏刀，主要用来切割食物，还用于宰羊、剥皮、削帐房橛子等。藏刀的制作历史悠久，工艺精湛。

（二）汉族饮食文化的影响

来自全国各地的人在抵达拉萨的同时，也把自己所属地域的饮食文化原汁原味地带到了拉萨。拉萨以其包容的胸怀，吸纳多元的饮食文化，成为一个南北荟萃的饮食基地。豆浆油条，一向被认为是日常饮食中关系比较特殊的鸳鸯配之一。话说现炸的油条遍体黄灿灿的，而且香味扑鼻，很能刺激人的胃口，也因此成了不少人早餐的必选。不过，油炸过的食物，吃多了会腻，且有不利健康的说法。所以吃油条最好配上清爽利口、营养丰富的豆浆，两者搭配，就能够让人安心食用。你可以看到许多藏族人早上也习惯豆浆配油条。东北饺子城里，可以大声地说话，什么馅的饺子都有，随你怎么选，半斤起，皮薄馅大。你可以看到邻桌的藏族老乡熟练地使用着筷子，与他们吃手抓羊肉和糌粑时没什么两样，只要味道好，什么样的客人都是可以招来的。在拉萨，川菜和藏餐一样普及，最受欢迎的当属川味火锅。川味火锅有很多种，时值春季，住在拉萨的祖国内地人讲究吃鱼，吃法有点像水煮鱼。比如，城西的老渔庄，有时候，你不得不佩服四川人的生意头脑。露天里，围一池清水，水里鱼儿活蹦乱跳，一叶扁舟泊在池边，竹桌竹椅安放在竹亭檐下，亭壁挂着蓑衣斗笠，有人喜欢在太阳下吃，老板还会送给食客每人一顶草帽。酸辣粉很早以前就流传于四川民间，它取材于当地手工制作的红薯粉，味道以突出酸辣为主而得名，后来经过不断地演变和调制，从而正式走上街头，成为大街小巷的一种特色小吃。

河南的特色饮食主要以面食为主，相对比较出名的有水煎包、胡辣汤、河南烩面、河南卤面等。虽然在拉萨来自陕西的面食占据着主要位置，但由于河南人口在拉萨是居外来人口的第二多，河南的餐厅也遍布了拉萨的一些主要位置，深受拉萨人民的欢迎与青睐。

二、外国饮食文化的影响

文化一经接触，必然要留下痕迹；文化一经交流，必然会相互发生作用。一个民族的饮食文化的繁荣，是在融其他民族饮食精华于一体的过程中实现的。20 世纪以来，西餐西点也进入了雪域高原，过去不少贵族之家还专门聘有西餐厨师，现在普通群众也可以吃到西餐。拉萨牛排是欧式与藏式结合的味道，古朴厚重，东西方饮食文明，分属两种来去甚远的文化。无论是在饮食品的来源、加工、贮藏、食用方面，还是在饮食加工的技术思想及其心理状态上，二者都泾渭分明。但自古就善于吸取外来文化长处的拉萨劳动人民，通过对部分西洋饮食加以吸收和融合，最终造就了迎合藏族的西餐做法。

由于地缘上相邻，拉萨饮食受印度和尼泊尔餐影响最大。地处南亚的印度和尼泊尔有着南亚次大陆的饮食习惯，比如，最突出的就是许多菜品都有咖喱。很多人不喜欢这种口味，就一概而论地认为印度和尼泊尔的饭菜都是咖喱做的，这是极具偏见和蔑视的观念。印度和尼泊尔其实也有许多菜没有咖喱，而是以辣椒、香草等为佐料烹制的，味道非常独特。

尼泊尔餐

印度和尼泊尔饮食最主要的烹饪特色就是使用香料，除了干辣椒、胡椒，还有其他80多种的植物果实、种子、叶子、根、茎可用作香料。据说，印度菜所放调料之多，可称世界之最，每道菜不下10余种，丁香、八角、小茴香、豆蔻、辣椒粉、黄姜粉、玛沙拉用量惊人。印度和尼泊尔的厨师使用香料，一般是将各种香料按比例配制成混合香料，每个真正的厨师都有自己一套独特的配制方法，混合后的香辛调料称为“玛沙拉”。使用前如果将其放在热锅中炒一下，味道将更为香浓。印度和尼泊尔的咖喱很出名，但你在当地却找不到“咖喱粉”或“咖喱酱”之类的东西。实际上，用多种香料调和而成的“玛沙拉”，一般被当地以外的人认为是“咖喱粉”；而在印度和尼泊尔，“咖喱”则是指用“玛沙拉”调味的菜肴，并主要是炖煮一类的菜肴。尽管外人对咖喱概念的认识存在一定的偏差，但咖喱的香味早已飘出印度和尼泊尔的国界。早期主要是向周边地区扩散，如邻近的巴基斯坦、斯里兰卡、泰国、马来西亚、印尼、新加坡等；后来则扩大到其他的亚洲国家（地区），并远及欧美。

其次在拉萨受欢迎的印度和尼泊尔的食品就是馕，馕总是与菜糊、汤汁以及用豌豆、绿豆等各类豆制品熬成的豆汤一起食用的。无论是在印度和尼泊尔当地的高级餐馆，还是在普通人家，总可看见人们撕一块馕，蘸上菜糊或其他汤汁津津有味地吃着。烤饼——面饼类食品的统称，常见的品种包括：馕、罗提、普里、恰巴提、哈瓦，以及用各种面粉烤制的面包和油炸面包。

第二节　拉萨藏族饮食的演变

一、演变因素

（一）外来饮食的影响

汉族同胞及其他民族同胞在来拉萨生产生活的同时，也带来了汉族文化和其他文化及其饮食习俗，这些饮食习俗必然会或多或少地影响到藏族的传统饮食习惯。相对而言，城镇的外来人口和外来饮食更多，一些离开农牧业和农牧区生活在城镇及其周围的藏族百姓以及由其供养的家属人员，他们的饮食习惯更容易受到周围汉族和其他民族潜移默化的影响，尤其是年轻一代影响更深。一些年轻人从小生活在城镇中，吃的、住的、穿的、用的与汉族基本一致，受汉族文化的影响较大，他们现在在饮食结构上已经和汉族没有太大的区别。还有那些从小就生活在汉族地区的藏族同胞，特别是西藏班，他们已经可以不吃糌粑、不喝酥油茶、不喝青稞酒，甚至不喜欢传统藏餐。当然，他们的饮食习惯自然也就随之发生了改变。

（二）旅游业的影响

城市中心区域受旅游业发展影响，饮食消费的两极化趋势明显，藏族城乡家庭茶、酒的日消费量突出。以中心区域八廓街为例，其中主要消费群体以汉藏低收入家庭与城市流动性人群为主，一方面，受收入水平影响，八廓街居民消费水平较低；另一方面，由于外地游客大量涌入，大昭寺中心广场区域及周边也集中分布有消费价格较高的餐馆、旅游购物中心、酒吧、旅馆等旅游服务设施。围绕高收入、中低收入群体间“等级性”差异，饮食消费群体的两极分化明显，主要表现为藏族、汉族，国内游客、国际游客等。此外，八廓街藏族居民及家庭消费饮品包括青稞酒、饮料、啤酒、茶饮（其中茶饮与酒精饮料的消费量很大，消费群体多为进城农民与市民，作为大众饮品的甜茶消费量估计人均每日 1 升左右，甜茶消费群体主要是中老年人与妇女）。喝酒的市民与城郊农民平均每日消费 1.35 升青稞酒。

拉萨现代饮食消费趋于多元化。饮食种类包括藏、汉、回、南亚、西餐等多种形式；饮食结构又可分为传统饮食（如糌粑）、汉餐（如米饭）及现代工业食品（如方便面、麦当劳等）；传统家庭饮食因工作时间与地点的改变，流动性增强，饮食场所趋于分散，饮食行为社会化、组合化特色明显，饮食时间缩短，传统就餐过程中的茶点、甜点被取消；就食品原料来说，仅面粉，拉萨地方市场就有江苏、甘肃、河北、河南等地面粉，食用油则来自本地、四川、重庆、青海、陕西、广东、印度等。

（三）其他影响

一是交通环境的影响。以前由于拉萨受自然地理环境的制约，藏族人民的交流范围很小，交流频率不高，即便有富余的饮食产品也无法顺利地进行交流。但是随着拉萨经济社会的快速发展，特别是火车、飞机、高速公路的投入使用，交通的便利性大为增强，已经逐步在克服地理环境的消极影响，使藏族人民在信息、物资、资金、人口等各个方面的交流大为便利，同时也促进其思想观念的转变，从而使交流频率和范围都在加大。这样，祖国内地的食品可以更便利地进入拉萨，农区的植物性食品可以更便利地进入牧区，牧区的动物性食品可以更便利地进入农区，于是藏族人民的饮食消费结构也就在这种交流中发生了变化。

二是思想观念的改变。藏族的传统饮食文化从某种程度上说是藏族宗教文化的侍女，即藏族宗教文化束缚着藏族的传统饮食习惯。原来藏族百姓该吃什么，不该吃什么由“佛”说了算。如今，这种权威性正在被打破，这种束缚作用正在日益削弱，这不仅仅是一个“吃”什么的问题，而是思想观念的解放问题。在藏族中，年轻一辈的藏族人已经习惯了吃大米、面粉，只是偶尔吃一些糌粑，并且有一种倾向，即衡量一家人是否富裕，就是看他们家有没有大米吃、炒不炒菜，而糌粑是可吃可不吃的，这是典型的思想观念转变的表现之一。同时，随着市场经济的日益深化和经济社会融合性的加强，特别是电视、广播、网络、报纸和一些微媒体的兴起，藏族百姓对外来文化表现出越来越大的兴趣，越来越愿意接受便利性食品和便利性就餐方式，这就使得超市、餐饮等服务行业蓬勃发展，在这种带动下，越来越多的藏族百姓也就加入了这种饮食消费结构改变的人群中来。

三是价格影响。传统意义上拉萨偏僻孤立的农牧区，已整体性成为世界政治、经济体系中的组成部分。就饮食消费来说，主要表现为饮食价格受到世界范围内原料价格、供求关系、地区政治经济力量对比变化等因素的影响。2007年6月，受国际市场价格上涨的带动，拉萨综合物价指数（油、肉、蛋、禽、水果）整体上调，2007年5、6、7三个月的居民消费价格总水平同比涨幅分别为3.4%，4.4%，5.6%，涨幅逐月提高，7月份涨幅达到近10年来最高涨幅。以猪肉价格为例，2007年7月，从拉萨市物价局综合处价格监测中心得知，拉萨95%的毛猪来自甘肃、宁夏、河南、陕西、四川等地，受国际、国内生猪价格上涨影响，7月份3种猪肉（精瘦肉、新鲜一等、冻肉）每500

克的平均价格为 14.17 元、12.09 元、8.65 元，与 5 月份相比涨幅分别达到 34.19%、42.24%、32.26%。牦牛肉价格上涨明显，黄牛肉上涨平稳；活鸡价格从 2007 年 4 月份开始下降，活鸭价格基本平稳。

通过上述分析，我们认为，藏族的饮食消费习惯受到自然环境和社会环境的双重影响。在一个封闭的社会环境下，主要受当地的自然环境影响，当这个社会开始开放的时候，那么其饮食消费习惯就同时受到自然和社会环境的双重影响，或者说，在原有的自然环境因素下增加了社会环境因素，产生了物质和精神的交换与交流，有了交换和交流的客观条件和主观愿望，于是饮食消费习惯就开始发生变化。

二、演变中的拉萨民族饮食

（一）现状

藏餐是人们对西藏及广大藏区菜点的统称，具体一点说，应该是以拉萨藏餐为代表的藏族餐饮的总称。拉萨人民居住在海拔高、空气稀薄、降水量少、日照充足、风速大的地区，独特的地理位置和气候特点形成了拉萨人民独特的饮食习惯。在广袤的高原地带，糌粑、酥油茶、甜茶、奶渣、青稞酒、牛羊肉等历来是藏族人民的传统食品。

讲饮食之前先说一下藏式烹调的起源。据考证，6 世纪是西藏饮食烹调技术第一次发生较大变化的年代。其原因有：一是当时的吐蕃通过商贸交易与中原内地和亚洲各国开展了广泛的经济文化交流，丝绸之路的开通大大丰富了西藏烹调原料的内容，使西藏烹调技术得到了发展。尤其是文成公主入藏，开辟了藏汉两族饮食文化交融的先河。这时人们开始注重博食和养食。博食，即烹调用的原料品种繁多，遍及粮食、畜乳、蔬菜、瓜果等门类；养食，即“医食同源”“药膳同功”。这充分说明当时的西藏医药事业在食补方面也有了长足的发展。《四部医典》给人们展示了西藏丰富的烹调原料，并从医学理论上阐述了与饮食有关的上千种本土植物、动物、矿物，并细化其药理功效。通俗地说，就是告诉人们什么东西可以吃，什么东西不能吃，以及怎样吃。二是中西饮食文化的进入，使西藏药膳制作渐渐兴起，这为西藏饮食烹调理论奠定了基础。

西藏第二次藏式烹调发展阶段是在19世纪，这一时期是清朝光绪皇帝统治时期，清代筵席发展到了登峰造极的地步，其种类之多、规模之大、菜肴之丰盛、烹调之精美难以表述，当时出现了筵席之最——“满汉全席”。后来随着经济文化交流，藏汉人员的往来，祖国内地饮食文化潜移默化地传入了西藏。当时藏族人称“满汉全席”为“嘉赛柳觉杰”，意思是汉食十八道。当时在拉萨、江孜、日喀则等藏区重镇街面上的各种蔬菜、瓜果，厨具、器具开始多了起来，一些比较简单的烹饪技术也流传到民间，促进了西藏烹饪技术的发展。

在这个时期，西藏融食、娱、游、乐于一体的饮食文化开始进入上层贵族家庭。但是由于特定的政治、经济、宗教、文化、地理、交通以及信息等诸多因素的影响，不管是中原的美食佳肴还是从西方传到南亚、北亚、西亚的西方饮食文化的影响范围极其有限，只为少数西藏贵族及商人家庭所了解，而西藏广大农牧区的人们仍靠原始而简单的烹调方式打发漫长的岁月，这种状况一直延续到20世纪50年代。

西藏第三次藏式烹调发展阶段是在20世纪80年代。在改革开放的推动下，西藏的“旅游热”，使西藏饮食、烹调业得到了空前发展。在吃什么、怎么做、怎么吃的最基本的问题上，开始朝着由简至繁、由粗至精、由低级到高级的方向发展。新原料不断补充，厨师地位得到提高，烹调技术不断交流，甚至还出现了专门的烹调专著。如青海人民出版社出版的《藏族常用饮食辞典》、西藏拉萨饭店厨师次仁群培所著的《拉萨地区藏餐菜谱》慢慢揭开了西藏烹调的新篇章，使西藏这一“绿色饮食王国”名扬全国、闻名天下，并逐渐形成了一个全新的饮食文化、饮食科学、饮食艺术、饮食礼教和藏族的饮食特色。

除第二章中叙述的主食，藏餐菜品不多，不分菜系、菜派，但不同地方的菜点风格各异。细细研究藏餐，大致可分为四大风味：以阿里、那曲为代表的羌菜；以拉萨、日喀则、山南为代表的卫藏菜，也叫拉萨菜；以林芝、墨脱、梓木为代表的荣菜；以过去王家贵族及官府中的菜肴为代表的宫廷菜，共有200多种。由于拉萨属于省会城市，交通方便，融合各地，现在拉萨四大风味藏餐都有，下面逐一进行介绍。

牦牛火锅

羌菜，指高寒牧区的饮食，为高原牧区风味。其菜系风味特色是注重原汁原味，取料单一，特点是咸、鲜、酸、香。具有调理适应高山寒凉气候之功效，以奶酪、牛蹄、酸奶、酥油等为主要原料。

卫藏菜，指拉萨、山南、日喀则等地区的饮食。主要是农区或半农半牧区风味，其特色是：取料广泛，除了奶制品、牛羊肉，还有各种农作物，因此荤素配合得当，工于火候，调味以鲜咸、淡爽。制作手段也比较丰富，重于煮、炒、烧、闷、炸。如萝卜炖牛肉、手抓羊肉等，以秋瑞（奶豆腐）、生牛肉酱而著名。

荣菜，指低海拔的藏东南地区饮食。取材于高山森林，以菌类野生药材为主，制作原始、风味清鲜、咸中带甜、浓而不腻、淡而不薄，尤以烤制香猪见长。

宫廷菜，指在原有的各种藏餐的基础上，精工细做，博采各家之长而形成的综合菜肴，材料都取之本土，选料严谨、制作精细、技法全面、色泽美观、滋味清鲜，是藏餐中的精品，各地方的人都能接受。

藏餐中比较有特色的食品有：那曲的退（酥酪糕）、普兰的尼雾汁（醪糟煮油汁）、山南的鸡蛋、亚东的鱼、拉萨的糌粑、林芝的藏鸡烧香菇、昌都的蜂乳酱菜等。

藏式面点有：巴差玛尔库（酥油浇面疙瘩）、蜕（奶酪糕）、卓蜕（人参果糕）、玛散（酥油面糕）、扎卡森（藏式薄饼）、米聂菠萝（奶酪包子）、夏八差（肉炒面疙瘩）、加热（酒饼）、夏馍（肉包子）、夏怕里（肉饼）、比西（汤心面）、馍东（藏式窝头）、听突（拉面）、蕃突（藏面）、列突（扁面）、巴突（面疙瘩汤）、败塔（带面）、塔尔细（四角面）、卓突（打卤面）、耐突（青稞打卤面）、仲突（青稞粥）、莎突（荨麻糊）、岗木突（青豆糊）、糌突（糌粑糊）、曲瑞（奶酪糊）、归丹（青稞酒奶酪红糖汤）等。

自20世纪80年代起，特别是市场经济体制的确立和发展，农业地膜、塑料大棚技术的推广使用，逐步改变了拉萨农贸市场蔬菜供应的贫乏状况，改善了城乡居民的饮食结构。到1995年，拉萨本地自产粮食已能自给自足，粮食、果蔬价格由市场调控，拉萨市区已形成果蔬综合市场。随着青藏铁路的开通，现代交通、通信手段的改善，拉萨农贸产品与副产品供应日趋丰富。拉萨多级区域市场的发展、外地游客大量涌入、拉萨农牧业与家庭副业的大力发展等使拉萨居民饮食结构多样化、地方化特色日趋明显。随着本地农业生产技术的提高，蔬菜新品种及西瓜等外来农业新品种的引进试种成功，本地居民的饮食与外来居民饮食“同质化”趋向明显。

（二）特点

一是原料广博，选料严格。一般在烹调的选料上十分谨慎，如把耐寒、粗饲、抗寒抗病能力强、繁殖快，集肉、皮、毛、尾多种用途于一身的牦牛作为藏族的主要肉食。牦牛肉从肉质上讲，甚至不次于世界上著名的肉用品种牛“海福特”“短角牛”，而且牛的不同部位的肉可做不同的菜肴。从主食原料上讲，藏族人所选择的第一位栽培作物是青稞，对于食用酥油、牛羊肉较多的藏族人，青稞可清热化湿、祛风寒、宁肺定喘，治疗阳虚肾亏，并有降血脂的功效。事实证明，藏族人对食物原料的选择具有独到之处。

二是精于刀工，讲究配料。藏式烹调中的刀工十分讲究，刀法多样，刀技精巧。有切、剁、斩、砍、排、削、拍、敲等，仅切就有直切、斜切、推切、锯切、拉切、侧切、滚切等。唯一的区别是藏餐厨师虽没有西餐、中餐中所用的名目繁多的各种刀具，但能一把菜刀当十把使用，以达到最佳水平。加工后的原料形态有块、丁、片、条、段、球、丝、米、粒、末、泥、茸等数种，但在实际生活中常见的有整块、片、段、泥、茸等形式。

三是在配料上，讲究质、味、量的配合。质上一般主张软配软、脆配脆；味上除保持原来固有的香味，不足的辅以其他香料来补充；量上要求主料突出，配料补充；等等。另外，还比较注重火候，体现在选用不同的燃料和工具，运用不同的火候，采用不同的传热介质。藏族人用餐讲究菜肴的质量而非数量和盛器，讲究原汁原味。重天然、轻人工，在藏餐中几乎不用酱、醋等经过人工调理的香料。西藏绝大多数地方四季分明，形成了西藏烹饪原料季节性强的鲜明特色。如“春有鲢鱼，夏有奶酪，秋有肥牛、冬有羊”等。从对人体的作用看，不同的季节原料的性质也不一样，如“三月的曲热赛虫草”（奶酪豆腐）。许多原料过了季，食用价值就降低了或失去了。西藏不仅有丰富的常用原料、特色原料、时令原料，还有珍贵的稀有原料。稀有原料在数量、质量、价格上及对人体的滋补作用上无不显其珍贵。如那曲的冬虫夏草、阿里的藏红花、浪卡子县雅卓嘎玛的风干羊肉、工布江达县错高乡的香猪、亚东的木耳和鱼。用这些原料制成的菜肴，不仅是西藏传统高档宴席上的珍品佳肴，也是国内外游客闻之垂涎的食物精品。

四是技法多样。藏餐烹调的技法很多，热菜技法有 30 种，冷菜常用技法 5 种。盛装上，不仅富有特色的盛器繁多，而且讲究实而不华。

随着赴藏旅游、打工、求学、出差的人员越来越多，加之拉萨本土居民到祖国内地的机会剧增，藏族与其他民族的交往日趋频繁，民族间饮食交叉影响明显。譬如，受祖国内地饮食消费的影响，现代拉萨社会也出现了诸如答师宴、欢庆宴（参军、入学、找工作）、婚宴、朋友聚餐等各种宴席。现代拉萨的饮食文化演变过程，不仅仅是食物消费过程，同样也是感情联络、经济交易等复合式的经济行为与文化演变过程。

（三）演变菜肴

1. 藏式牛排

藏式牛排在拉萨人民当中很受欢迎，也是国内外游客到拉萨的必选食物之一。

藏式牛排的原料：牦牛牛排、黄油、洋葱、胡萝卜、西兰花、香菇、柠檬、黑椒汁、盐、黑胡椒。

藏式牛排的做法：一是将牛肉洗净用红酒腌制。二是把平底锅烧热，小火放一块黄油，化开后，把牛排放进去，小火煎。三是把牛排翻翻身，可以再放一块黄油，几分熟看自己口味。四是蒜末、辣酱（看口味）、少许红酒、糖、盐，胡椒粉混合调汁，也可用黄油调。

2. 藏式面包

大城市里卖得最多的面包、蛋糕，添加得最多的是保鲜剂、防腐剂、膨松剂，吃着看似色香味俱全的色素奶油蛋糕，其实对身体毫无益处。而拉萨藏族人自种青稞田，最有机的青稞原料直供自己的面包房，做出来的青稞面包，未必好看，未必膨松，可却是最环保的食物。

目前，拉萨最有名的藏式面包是“阿可丁”藏式面包。

“阿可丁”藏式面包的原料。“阿可丁”所用的原材料主要是生长在高原上的黑青稞、豌豆、人参果、西藏牛乳、野葱和他们自种的一种特殊的薄荷（与传统薄荷的概念不完全一样）。

“阿可丁”藏式面包的做法。先做面包馅，将黄油切成小粒，加入糖加水融化再加入鸡蛋液拌均匀；加入面包馅，拌匀即可；把面包体所需的材料除黄油全部混合以后把面团揉出膜；室温发酵至两倍大即可，排气醒 10 分钟后擀长方块；上面撒上面包馅，顺势卷起来；切成均匀的 8 小份，排入圆模，继续发酵 1 个小时至两倍大，刷上鸡蛋液，入 170℃烤箱倒数二层 35 分钟即可。

3. 当雄县的酥酪糕

制法：一是将提取过奶油的乳白色淀粉（藏名“曲热”）晾干，用磨磨成粉末。二是拌入黄油（奶油）、白糖、人参果（角麻）、葡萄干、桃仁等，做成圆形或方形，表面有红丝绿丝的表现吉祥、长寿图案的醍面胚，放入笼屉内蒸熟，宾至可整块献上，或切成片状。

特点：奶味甜点，有滋补强身功效，为藏胞待客糕点。

4. 尼木县的汆灌肠

又称三肠、五肠。以新鲜羊小肠为衣，分别灌以羊血、羊肉、青稞面或豆面，分别称血肠、肉肠、面肠，合称三肠；另有灌以羊肝、羊油者，分别称肝肠、油肠，与前三肠合称五肠。此菜多为藏族同胞在新年时成批灌制，供年节汆食。

5. 林周县的酸奶饼

把酸奶、酥油、白糖、面粉等搅拌后，用酥油炸熟即成。

6. 尼木县的蒸牛舌

藏名“杰郎最”。多见于拉萨尼木等地。以牛舌肉为主料，经煮蒸而成。特点是入口软嫩，味道鲜美而带椒香。

7. 城关区的炒肺片

用面粉与辣椒等调料加水拌匀后灌满羊肺，煮熟后捞起，切片，加作料煎炒而成。

8. 林周县的酸奶米饭

原料：酸奶 5 两，煮熟大米 1 碗，酥油 1 两 5 钱，白糖 1 两。

制作方法：大碗内盛满米饭，加酸奶。把酥油用微火熔化，稍候均匀地倒在酸奶上，洒上白糖。

9. 墨竹工卡县的虫草鱼肉丸

原料：冬虫夏草 10 根、鲜鱼 1 条、盐 2 钱 4 克、酥油 5 两、生姜 2 钱、野生蒜 1 钱、鸡蛋 1 个、豆粉 2 钱、水拌豆粉 1 钱。

做法：虫草加少许冷水盛入碗内放在蒸笼中蒸熟。去掉鲜鱼的骨刺和鱼皮，用刀背砸成肉泥。蛋清和干豆粉搅和，鱼肉泥在搅和的豆粉蛋清中做成肉丸子，在化好的酥油中炸熟。从蒸笼中拿出虫草一根根地插在鱼肉丸子上，整齐摆在菜碟中。用微火把菜锅中的酥油化成液体后加入生姜片、盐、野生蒜、少量水、水搅豆粉，煨出沸泡的时候，浇在鱼肉丸子上，虫草鱼肉丸这道菜就做成了。需要注意的是火不宜过旺，化酥油的时候千万不能烧焦，把固体的酥油化成液体即可用了。

10. 墨竹工卡县的松茸炖藏香鸡

松茸炖藏香鸡是西藏的特色菜。藏香鸡切成小块，用西藏特有的手掌参、松茸、藏贝母、天麻、胡椒、枸杞等药材做汤底，用雪山上流下的纯净无污染的溪水炖煮，配有老豆腐、冬瓜片、大白菜、莴笋叶子最后涮锅。

青稞炒人参果

11. 堆龙德庆区的羊血肠

从羊腔中舀在盆里的羊血，一般正好灌满它自己的肠肚。灌时，先用手把凝结的血块攥碎，搅进荞面或白面，加入切碎的漫肚、油、盐、调料、葱蒜等物。亦从割口处灌入，要灌得不可太满也不可太扁。小肠二三丈长，为煮食方便，可断为四五部分，不用撕掉外面连接肠壁的油脂。这些油脂有固定小肠的作用，灌时要注意摆顺不使肠子扭结。煮出时盘缠一团，一如腹中的自然状态。卧羊时节肠肚太多，一时吃不了，就灌好分成四五团冻起来，在来年清明时节煮食。

三、拉萨饮食文化对外的地位和影响

（一）国内

以前藏族饮食只在国内的青海、甘肃、四川、云南等影响比较大，但随着藏餐不断发展，其影响也越来越大，甚至祖国内地的一些地方也开设了藏餐。如开在北京的玛吉阿米，就十分红火，吸引了许多北京人和外地游客在那里用餐，因为在那里他们品尝的不仅是特色藏餐，还有丰富的藏族文化。

（二）国外

西藏的传统餐饮，在周边国家和地区流行较广，影响较大的主要有尼泊尔、不丹、缅甸、印度、巴基斯坦等。近年来，藏餐在人们的积极推广下，少数海外藏族在欧美地区经营了藏式餐饮店。西藏的餐饮虽然小众但仍在不断扩展，西藏的文化也在跟随着世界的变化而进步。

四、拉萨饮食文化的演变趋势

（一）外来化

拉萨作为西藏对外的窗口，与国内外交往日益密切，随着交流的增强，拉萨的饮食文化呈现出外来化趋势。拉萨餐饮业中目前占主导地位的是藏餐和川菜，其他如鲁菜、滇菜、沪菜、东北菜也都落地开花，此外，尼泊尔、印度风格的餐饮也为广大拉萨人所接受，西餐更是优雅地遍布在拉萨市区的各主要街道。

就国内来讲，全国各地的人来拉萨打工的同时，也带来了各地的饮食。

南粉北面风味小吃快餐，一个源于川渝小吃世家的餐饮连锁项目，它不但提供川渝小吃中传统的酸辣粉，还提供特色馄饨、馅饼、锅贴、西点等几十个品种，甚至连源自云南的鸡汤米线和蛋仔面也能驾轻就熟，做出地道的味儿来。南粉北面每天早晨供应各式粉和面，有香菇炖鸡米线、阳春面、姜鸭面、全家福抄手、鲜肉马蹄抄手、干炒牛河、香辣牛肉河粉、担担面、川北凉粉等 24 种粉和面可供选择。无论是粤式早餐中不可或缺的河粉，还是川辣系列的凉粉和米线，以及介于两者之间的阳春面和抄手，南来北往的客人都能在这里找到适合自己口味的面点和粉线。

20 世纪 80 年代伊始，西餐凭借着其特殊的魅力，翻越千山万水，在“世界屋脊”的古城拉萨呈现出一道亮丽的风景，并不断地与当地的餐饮文化相互融合、相互并存。如今在拉萨，无论是传统的藏餐、中餐，还是具有较高品位的西餐，相互间不断融合与互补。中、藏餐注重营养性、健康性和烹调的科学性；西餐讲究色、香、味等境界的发展。

“雪域餐厅”是拉萨最早的西餐厅之一，10 多年间吸引了大批的客源，其分店“西藏牛排西餐厅”“丹杰林西餐厅”等不仅供应地道的西餐、藏餐和中餐，还有日式餐、韩式餐、泰式餐等。该餐厅老板娘尼玛卓嘎告诉记者，她们一家人曾一直生活在国外，但每次回到拉萨时，都被拉萨日新月异的变化所感动。到了 20 世纪 90 年代，她们开始有一种越来越强烈的回拉萨来发展的念头。尼玛卓嘎说，她有这样的念头不仅是因为这里是她的故乡，更是因为她看到了拉萨与生俱来的独特魅力及越来越广阔的消费市场和商机。

随着像“雪域餐厅”“西藏牛排”等诸多西餐厅在拉萨的逐步落地，许多来自境外的游客在感受西藏独特的人文风情的同时，也能在这里品尝到和在自己家乡一样亲切可口的美食风味。西餐厅地道的美味佳肴，周到细致的服务，不仅拉近了自身与游客的距离，还赢得了游客的称赞。正如许多拉萨西餐厅负责人所说，拉萨的餐饮业随着各方面条件的成熟、进步和完善，将会有更大市场，藏族的餐饮文化传承和发展的脚步将会越迈越稳、越迈越辉煌。以拉萨为首的雪域高原，将会塑造出越来越多的餐饮品牌，来自四面八方的客人在感受藏族文化的独特魅力之外，还能够品尝到美味、健康、营养而丰富的佳肴。

藏香牛排

拉萨市民对肯德基、德克士并不陌生，肯德基和德克士已经遍布拉萨，据悉最早开业的德克士是位于大昭寺广场二楼的那一家，开业后深受大家的喜欢，特别是小朋友喜欢薯条、炸鸡块、汉堡包。洋快餐在拉萨有了一席之地，闲暇之余人们想到的不仅仅是去甜茶馆，也会想到去快餐店里坐坐，去吃点汉堡薯条、喝点可乐……坐在楼上看下面繁忙的八廓街，也是一种享受。

在拉萨最多的外地人来自四川，四川人参与西藏的建设，他们也带来了最爱的川菜和火锅，火锅在拉萨随处可见，记者在位于江苏路上的蜀九香里遇见了几位正在吃着火锅的藏族小伙子，并与他们攀谈起来，他们喜欢吃红汤的锅底，点上自己喜欢的菜，让菜在翻滚的锅里打滚，等菜熟了蘸点香油，那味道好极了。看来火锅不仅仅四川人很喜欢，藏族朋友一样喜欢。在拉萨还有经过改良的藏式火锅，据说也是起源四川火锅。

在拉萨这样一个特殊的城市，来自不同地方、不同民族的人在这里汇集，人们的生活方式、生活习惯在彼此的交流中互相融合，互相借鉴对方的优秀之处。彼此之间的生活方式、生活习惯和价值观念在相互的融合中能够被大多数人认同，并形成了一种更有活力的多元文化。

（二）商业化

旅游业的发展使“传统”饮食品尝被作为“异”文化体验的重要部分，拉萨有许多藏餐馆，“传统”饮食品尝已经越来越商业化，也增加了当地居民的收入。以前每家每户都必备的酥油茶桶现在有人高价购买，然后在古董市场卖，尤其外国人都是用高价买的。

（三）现代化其他趋势

在全球与地方物价指数的双重影响下，受收入水平的两极差异影响，现代拉萨地方饮食文化更多呈现为多样性市场供应与现实性有限选择的辩证性关系，即饮食市场供应的丰富多样性与收入消费水平导致的饮食两极分化差异间的矛盾统一关系。特别是青藏铁路的开通，现代拉萨饮食习惯受到全球化市场调节与食品生产供应、区域地理、地方文化等多重因素的影响制约。具体表现为：传统饮食在人们日常生活中的比例与数量减少，但仍然占有重要地位；工业化食品大量出现并改变着藏族饮食习惯与生理体质；就餐时间有缩短与集中趋势；饮食的终端销售链直达城市社区及乡村牧区的腹地；饮食习惯表现出地区、城乡、民族、性别、年龄等群体性差异特征；拉萨“原生型”的传统饮食影响作用局限于区域内边缘地带（寺庙、乡村牧区等），城市内“混生型”食品交叉影响作用明显；一些传统禁忌性食品表现出族群性消费差异，食品价格与卫生安全因素直接影响城乡低收入阶层生活品质，表现出结构性差异生成特点。

拉萨地方饮食文化呈现两极化和现实有限选择趋势。拉萨城市居民间收入水平的差异使得他们的消费选择呈现出两极化趋势。以拉萨城市鲁固居委会为例，城市居民间的月收入大致差异在 200 ～ 800 元之间。受居民家庭人口数量、就业数量、工资水平等因素影响，城市居委会内居民饮食选择两极化（内容、数量、品种、价格、地点、时间等）差异明显。除果蔬市场、肉市，现代大型超市迅速成为拉萨饮食市场的重要部分，城市中高收入阶层成为大型超市的目标消费群体。拉萨的超市与祖国内地同类超市相比，所售货品种类与数量相差还是较多，且呈现出民族地区区域性特点。大型超市基本会设立地方性特色饮食区域，商品包括牦牛肉产品、矿泉水、饮料、保健品。而城市居委会内的中低收入家庭，成为居委会附近的小卖部的主要消费群体。

这些“小卖部”销售的商品价格低廉、种类不算特别丰富，多集中销售生活必需品与日用品，部分小卖部兼营手机业务及小吃，还为熟客提供赊账及送货服务等，这些特色服务使城市小卖部拥有固定客源，生意兴隆。2007年7月，居民消费价格指数上涨直接影响到拉萨中低收入城市居民的生活水平。笔者的调查显示，许多普通居民选择到农产品批发中心集体“批发团购”，在日常用餐中增加传统食品（糌粑、青稞面）等的比重，一些低收入家庭则在周末或节假日通过“家庭拼饭”等手段规避价格上涨对于日常生活的影响。

农牧民的饮食文化与城镇居民趋同化。随着铁路通车和城市化步伐的加快，农牧民的饮食消费已开始改变传统的消费方式，改变过去靠土地和牲畜吃饭的自然经济状态，正在逐渐形成和城市居民相同的生活消费模式。2007年8月，在拉萨柳梧新村调研发现，该村村民食物的来源全部是购买所得，所调查的家庭中年消费支出最高48000元，消费支出最低10000元，访谈对象次珍大妈说“现在的生活和城里人一样了，米面油盐都是从拉萨买，菜不用去拉萨买，有到村子里来卖菜的人，购买也挺方便，现在小孩子都不爱吃糌粑了，都喜欢吃馒头和米饭了”。毫无疑问，拉萨农牧民的饮食文化与城镇居民趋同化趋势明显，并且这一趋势将会加剧。

随着西藏经济水平的不断提高，旅游业的稳步提升，拉萨的影响力也是与日俱增，其饮食文化必然受到众多游客的关注。我们仍然希望在这里品尝到与世无争的藏族饮食，在与西餐的融合互补中继续保留原始特色。拉萨的饮食文化，在万千饮食文化中独具一格，吸引着往来此地的游客。现代藏餐早已打破了传统的材料构成，发展成为讲究营养、口味、色泽和品位的绿色餐饮。同时，藏餐正在走向多元化，越来越多的祖国内地餐饮和西餐元素融入藏餐，成为现代藏餐的一大亮点。

第七章

DI QI ZHANG

其他地区及民族饮食文化在拉萨

拉萨市的餐饮业很发达，除了西藏其他地区的饮食，来自祖国内地汉族的特色饮食相对较多，有四川的川菜、湖南的湘菜、广东的粤菜、山东的鲁菜，还有来自东北的东北菜等。从人口的分布与数量来看，在拉萨，影响相对较大的汉族特色饮食为四川与河南两地。川菜主要以香辣味为主，主要有中餐、火锅等系列构成，在拉萨的川菜也不例外，有为数较多的来自四川与重庆的火锅较为出名。主要代表店铺有：重庆香天下火锅、四川吴铭火锅，以及太阳岛的人民公社和相对较多的小火锅城等。川菜的中餐饭馆主要有四川会馆等。麻辣的口味也一直影响着藏族人民的口味，各种小吃遍布了拉萨的各个角落，也成为拉萨饮食的重要组成部分。

第一节　西藏其他地区饮食在拉萨

拉萨饮食文化除受到国内外饮食文化的影响外，同时也受到区内其他地区饮食的影响。在孕育拉萨饮食文化的过程中也包含着其他地区饮食的部分成分与因素。西藏区内的饮食文化包括拉萨、日喀则、山南、林芝、昌都、那曲、阿里等 7 个地市的饮食文化。在各地交往、交流、交融的过程中，也对饮食习惯等有一定程度的影响。其他地区的特色饮食如下。

一、山南特色饮食

山南当地的特色食品种类相当丰富，如各类灌肠、青稞酒和酥油茶、风干肉、凉拌牦牛舌、包子、糌粑、各种糕点，以及酸奶、烤肠、夏普青（肉浆）等。

（一）贡嘎县的西藏点心

点心“蜕”（酥酪糕），类似广东月饼之类的点心。它是用提取过奶油后的乳白色淀粉（藏名曲热）晾干后，用磨磨成粉末，拌入黄油（奶油）、白糖、角麻（人参果）、葡萄干、桃仁等，做成椭圆形或方形，表面有红丝绿丝摆成图案，表示吉祥、长寿，放入笼屉内蒸熟，宾至可整块献上，也可切成片状。据说它有滋补强身之功效。

（二）贡嘎县的辣牛肚

原料：干辣椒 10 克、青尖椒、香菜、葱姜、料酒、盐、味精、酱油、花生油、花椒各适量。制作方法：将干辣椒、青尖椒切丝，葱、姜一半切片，一半切丝。将牛肚洗净放锅内加水、葱姜片、料酒、花椒煮至熟烂，捞出切丝。炒锅注油加热，下入葱姜丝、辣椒丝、煸炒片刻。烹料酒，放入牛肚丝，加酱油、香菜段、味精，炒匀装盘即成。

（三）错那县的生牛肉酱

藏药历来就很有神秘色彩，拉萨招待贵宾必有的生牛肉酱就是几种可入味的藏药与捣碎的新鲜生牛肉最奇妙的结合。猩红血性的颜色，兴烈冲鼻的口味，吃下肚更是暖洋洋、热烘烘的一团。

（四）浪卡子县的风干肉和生肉

现在唊吃生肉的习惯已逐渐减少，而吃风干牛羊肉仍然非常盛行。西藏各地气候高寒，干肉可以经年不坏。干肉有两种形式，一种是整个保存起来，藏语叫“歇考”，意即整肉腔；一种是切成 1 尺长 1 寸宽左右的肉条，挂在雪风里吹干。西藏最著名的干肉产在羊卓雍措边，称为“羊卓干素”，酥油清润，再蘸辣椒盐粉，吃一次准让你终生难忘。

二、日喀则特色饮食

日喀则特色饮食与西藏其他地方类同，如各类灌肠、青稞酒和酥油茶、牛羊手抓肉、凉拌牦牛舌、包子、糌粑、各种糕点，以及甜茶、酸奶、烤肠、风干肉、夏普青（生肉）等。

（一）南木林县的藏族吹肝

吹肺、吹肝又叫腌猪肺、腌猪肝，是藏族独特的腌肉制品之一。制作方法：吹肺用新鲜猪肺从喉头吹气，边吹边用手拍打猪肺，使之扩张，再将适量的食盐、草果粉、辣椒面和蒜泥用温开水调成乳状，用汤匙从喉头灌入肺内，边灌、边抖、边吹气、边拍打，需重复 5、6 次方能灌满。用麻线扎紧喉管，挂在火塘高处干燥，2 ～ 3 月后即可食用。吹肝将鲜猪肝上的胆管割开口，除留 1 个大的，其余的全部用线扎紧，从大胆管口用人工吹气，边吹边用手拍打，边灌入佐料。取一部分佐料和酒拌匀，灌入肝内，其余的佐料涂抹在肝上。肝叶之间用竹片或玉米芯撑开，挂阴凉通风处晾干。经一到一个半月，腌制即成。吹肝经洗净、煮熟、切成薄片，加上芫荽、芝麻油（或熟菜油）、酱油、醋、葱花和姜末等佐料，常被用作凉拌吃。

特点：味香鲜，食而不腻，凉爽开胃，是极好的凉菜。随食随取，可保存约 1 年之久。

（二）江孜县的藏餐羊血肠

藏族地区，无论是农民还是牧民，每宰一只羊，羊血不单独煮食，而是将羊血灌入小肠内煮沸而食，又香又嫩，品尝一口，满嘴生香，十分解馋，别有风味。血肠的制作极为简单。

先把最好的羊肉剁碎待用，在羊肉中放入适量的盐、花椒、糌粑粉少许与剁好的羊肉混拌，灌入肠内，用线系成小段。制法与制香肠同。吃时不碎不渣，不脱皮，清香软嫩，既有血香，又不腻口。血肠的烹饪方法也别具特色。将灌好的血肠放入汤中煮沸，煮至血肠浮起，肠成灰白色，约8成熟，便立即起锅，盛入盘内，全家席地而坐，割而食之。

（三）康马县的油拌面

原料：白面1斤，红糖1两，奶渣2两、酥油5两。制作方法：把面和好，和得稍微干硬一些为好，做成大小均匀的小疙瘩，放入水中煮熟捞出。奶渣中放进一点微咸的冷开水浸泡。把红糖捣碎成颗粒状。加微火把酥油熔化成液态，煮好的面疙瘩、奶渣、红糖同时加入融化的酥油中进行搅拌，在微火上煨至面块呈微红时立即出锅。

（四）聂拉木县的酥炸羊腩

羊腩洗净，切成6厘米长、2厘米宽的块儿，放入汤盆中，加入料酒、酱油、大茴、白糖、盐、味精、姜片、葱段和上汤少许，上笼蒸软取出，待冷却后取用。将面粉、淀粉同放入碗内，先用冷水调成脆浆，后加入猪油、碱水搅匀，再加入发酵粉调和。炒锅烧热，放入生油，烧至8成热，将羊腩抹上脆浆粉下油锅，炸至酥脆呈金黄色时捞出，切成长方块装入盘内，跟葱白段、甜酱、椒盐、辣酱油各2小碟同时上席即成。

（五）岗巴县的羊肉

“岗巴羊”是岗巴县特有的绵羊品种，具有“肉质细嫩、味道鲜美、无膻味”三大特点，在西藏享有很高的知名度。特别是羔羊肉更是细嫩可口，是细毛羊中肉质较好的一种佳品，是产区人民肉食的主要来源之一，市场前景良好。民主改革前，“岗巴羊”为历代班禅的供品。民主改革后，随着国民经济的发展，人口数量增多，国家采取有效措施鼓励农牧民发展生产。近年来，在自治区农牧厅、财政厅、科技厅等部门的大力关心和帮助下，在县人民政府的有效管理下，落实了富民强县、种羊场等项目，从2007年开始，岗巴羊连续多年被西藏自治区确定为特色产业项目，促使“岗巴羊”产业迅速发展。

（六）定日县的虫草鸡块

原料：冬虫夏草15根，鸡胸肉4两、鸡蛋1个、豆粉1钱4克、生姜1

钱、胡椒2钱、葱1钱、水搅豆粉2钱、盐3克、酥油6两。制作方法：先把虫草蒸熟。鸡胸肉切成块状，鸡肉表面上涂上搅和好了的蛋清豆粉，然后在熔化成液体的酥油中炸熟。再用微火化好酥油后加上盐、生姜、胡椒、葱、炸鸡块、蒸虫草、水搅豆粉。煨上片刻即可端上菜碟。

三、那曲特色饮食

（一）安多县的虫草松茸鸡

由名贵药材冬虫夏草、松茸和藏土鸡制成的藏餐“虫草松茸鸡”，具有很高的药物作用。

（二）申扎县的人参果拌酥油大米饭

在黑河两岸、纳木错周围和巴青河谷地带，有一种被当地人称为“蕨玛”的植物，茎红、叶绿、花黄、根部结一种像花生米似的红色小果，这就是藏北的“人参果”。此物性甘温，健脾胃，滋阴补肾，营养丰富，物美价廉。用人参果煮粥，清香可口。每当过年过节，或客人来访时，主人常用“人参果拌酥油大米饭”招待客人。主人先把米饭煮好，再拌上融化的酥油，加上白糖和人参果，即可食用。这种饭香甜可口，营养丰富，老幼皆喜爱食用。此食品为“藏北三珍”之一。

人参果饭

（三）色尼区的红花羊排

原料：藏红花少许、羊排骨2斤、盐8克、水搅豆粉2钱、生姜5克。做法：先把少量藏红花放入冷水中浸泡。羊排骨切成块状，在化好的酥油中烧好，放入盐、生姜、水，快要烧熟的时候加上事先浸泡好的藏红花和水搅豆粉，再烧至出沸泡即可端上菜碟。

（四）色尼区的吧啦饼

吧啦饼又称吧啦藏饼，为西藏风味的酥油糕点。历史上吧啦藏饼在满蒙地区流传以后传入北京地区，现已成为京式糕点的传统风味糕点。

原料：特制粉 50 千克、白砂糖 25 千克、核桃仁 5 千克、瓜仁 500 克、桂花 2.5 千克，碳酸氢铵、碳酸氢钠及水均适量。调制面团：先将糖、水和碳酸氢铵放入和面机内搅拌，再放入熟猪油、桂花和桃仁继续搅拌，呈均匀液状，最后放入面粉，碳酸氢铵应先用水融化，以防和面时混合不均，碳酸氢钠可随面粉缓缓放入。顶剂：用顶钟迅速顶出定量的面剂。成型：将每块面剂团按平，在表面印附 3 个瓜仁、中心按一凹状的圆坑、打印红戳，即可码入烤盘。烤制：将盛有生坯的烤盘放入炉内烘烤，入炉温度为 170℃～180℃，出炉温度为 210℃～230℃，烤制 12 分钟左右便可出炉。

（五）色尼区的白肠

大米煮熟，与羊血、羊油、羊（牛）肉丝加调料拌匀，装入洗净的绵羊（牛）肠内，扎紧两端，煮熟。食时切成短节或切片，煎后而食。

（六）色尼区的藏式牛肉粉

清平的汤中白条状的粉丝，牛丸堆在中间，碗边挤满葱末和蒜蓉，闻上去香沁肺腑。倒一点醋进去，然后放小半勺特制的香辣椒油。

（七）申扎县的蘑菇炖羊肉

每年雨季，在藏北草原，蘑菇遍地丛生，而且品种繁多。取洗净的鲜菇与切成小块的羊肉加入调料一起炖，肉有菇香，菇有肉味，其香诱人，回味无穷。有一种被当地人称之为“赛夏”的蘑菇是菇中上品，用这种蘑菇与羊肉同煮，则羊肉无膻、腥之气；与鸡肉、猪肉同炖，则更是香味四溢，汤鲜肉美，令人百吃不厌。此食品为“藏北三珍”之一。

四、昌都特色饮食

（一）卡若区的贝母鸡块

原料：鸡胸肉 6 两、贝母 1 两、生姜 2 钱、盐 4 钱、水搅豆粉 2 钱、酥油 2 两。做法：先把贝母浸泡在温水中。把鸡胸肉切成小块用酥油炸好，加上盐和生姜，再加贝母和少量水用慢火煨，快煨熟的时候加上水搅豆粉烧至片刻就可以端上菜碟。

（二）卡若区的蛋插人参果

原料：鸡蛋 14 个，煮熟的人参果 2 钱、盐 3 克、酥油 1 两、水搅豆粉 2 钱。做法：洗好的人参果在水中煮熟。鸡蛋的蛋清和蛋黄分开，加上盐和水搅豆粉后放在蒸笼中蒸熟。

蒸熟的蛋清，蛋黄切成块状、摆在菜碟中，蛋清、蛋黄块上插好人参果。菜锅中再放少许酥油在微火中化成液体后加上少量的水搅和豆粉，煮至出现沸泡的时候浇在菜碟中的鸡块上，蛋插人参果这道菜就做成了。

（三）江达县的藏族酥酪糕

将提取过奶油的乳白色淀粉（藏名“曲热”）晾干，用磨磨成粉末。拌入黄油（奶油）、白糖、人参果（角麻）、葡萄干、桃仁等，做成圆形或方形，表面有红丝绿丝的表示吉祥、长寿图案的醍面胚，放入笼屉内蒸熟，宾至可整块献上，也可切成片状。特点：奶味甜点，有滋补强身功效，为藏胞待客糕点。

（四）左贡县的藏族奶品

奶品最普遍的是酸奶和奶渣两种。酸奶又有两种，一种是奶酪，藏语叫“达雪”，是用提炼过酥油的奶制作的；另一种是用没提过酥油的牛奶做的，藏语称“俄雪”。酸奶是牛奶经过糖化作用以后的食品，营养更为丰富，也较易消化，适合老人和小孩吃。奶渣是奶提炼酥油后剩下的物质，经烧煮，水分蒸发后，剩下是奶渣。奶渣可以做成奶饼、奶块。在煮牛奶的过程中，还可揭起奶皮，藏语叫“比玛”。

五、林芝特色饮食

（一）朗县的奶渣包子

奶渣包子顾名思义就是用奶渣做馅。新鲜的牦牛奶煮沸以后被传统方式分解，最贵重、最精华的是酥油，其次就是奶渣了，也就是提炼了酥油以后剩下的渣。新鲜的奶渣酸酸的、白白的，可以用来做馅，奶渣包子由此而来。奶渣晒干以后，藏族人把它当零食吃，也放在粥或者汤里面做佐料，干奶渣汉族人不太吃得惯，不过奶渣包子倒是藏汉、老少皆宜。

（二）米林县的炒青稞

炒青稞的工具，首数大炒锅，呈凹状，直径 40 厘米左右；二是锅开筛，锅底部布满小洞，其作用是漏出细沙，可以将青稞粒与沙子分开。此外还有一个“T”形木质工具，长约40厘米，横梁部分一侧开有两头相通的槽，可以用以端锅、拨动烫沙子。

炒青稞的灶是土坯砌成的，呈“串”字形，一排三四个灶孔，灶孔大小、形状与炒锅相同。点火后，一般将所有的灶孔都放上炒锅，既可按顺序炒来，流水作业，又充分利用能源。

炒青稞前要做两方面的准备工作，一是将沙子炒烫——将适量的沙子摊开在炒锅内以旺火加热；二是把青稞过一下水——把青稞倒入陶罐内并加水，片刻后，将陶罐底部出水嘴儿中的填塞物掏出，放掉水。这样既达到了对青稞稍加清洗的目的，又使炒出的青稞能膨胀开来，有酥脆的效果。

炒青稞时，将适量的青稞（约1捧）堆放在炒锅的细沙上，当沙子烧得相当烫时——这一温度的掌握全凭操作者的经验或感觉，操作者用“T把”的槽口咬住炒锅沿，两手持木柄，端起锅，左手在前，右手在后，像内地烹饪大师那样颠着炒锅。刹那间，颗颗烫沙与粒粒青稞碰撞，噼噼啪啪响个不停，似过年放小鞭，声音那么清脆，那么争先恐后，渲染得空气都热烈、欢快起来。经几次颠炒之后，便迅速将这依然“充满活力”的一锅倒入锅形筛内，并立即将沙子筛回炒锅里，锅形筛里剩下一堆咧着嘴“笑”的白花花的炒青稞。

（三）波密县的凉拌牦牛肉

牦牛的肉经过盐卤，切成薄片，拌上辣椒不失为一道好的下酒菜，当然，酒要喝当地的青稞酒。

第二节　川菜在拉萨

一、川菜特点

川菜作为我国汉族八大菜系之一，在我国烹饪史上占有重要地位，它取

干煸牛肉丝

材广泛、调味多变、菜式多样、口味清鲜醇浓并重，以善用麻辣著称，并以其别具一格的烹调方法和浓郁的地方风味，融会了东南西北各方的特点，博采众家之长，善于吸收，善于创新，享誉中外。

川菜的特点有三：注重调味，多用辣椒、花椒、胡椒、香糟、豆瓣酱、葱、姜、蒜等；烹调手法多，主要擅长小炒、小煎、干烧、干煸。此外，川菜讲究汤的制作及使用；味型多，有咸鲜味、家常味、麻辣味、糊辣味、鱼香味、姜汁味、酸辣味、糖醋味、荔枝味、芥末味、甜香味、椒麻味、怪味。

在拉萨的川菜的代表菜很多，有“干煸牛肉丝”“水煮牛肉”“宫保鸡丁”“麻婆豆腐”“酸菜鱼”等。

二、特色菜肴

（一）四川麻辣火锅

原料：四川麻辣火锅底料 25 克，老汤 500 克，米酒 20 克，白糖 25 克，味精 5 克，生抽 100 克，花椒 25 克，干辣椒 50 克，麻油少许。陈皮、八角、桂皮、草果、丁香各少许，姜 5 片，蒜 6 瓣，牛油 250 克。做法：将牛油放入镬中烧热，投入花椒 15 克、干辣椒 25 克、姜、蒜爆香，然后放入四川麻辣火锅底料炒香，倒入米酒略炒。将其余材料同老汤放入镬中煲滚，再煮上其他自己喜欢的食物用火锅味碟佐食。

（二）麻辣烫

麻辣烫是起源于四川、流传多年的地方特色小吃，也叫串串香。其最主要的特点就是其自身无可不烫，无味不有，从而深受广大消费者的喜爱。麻辣烫，是川渝地区最有特色也最能代表“川味”的一种饮食文化。在拉萨，或大或小的麻辣烫店及小摊，遍及大街小巷。麻辣汤一碗，用 7 日以上之陈汤，当日现做调料，用布囊包裹，浸入其里，致之于釜，待沸腾，依蛋、丸及各种菜肴下锅烫熟之快慢，依次放入，待七八成熟即捞起，再取调羹将蒜泥姜末佐之。

（三）水煮鱼

“水煮鱼”起源于重庆渝北地区。发明这道菜的师傅是川菜世家出身。水煮鱼是他在 1983 年重庆地区举办的一次厨艺大赛上，用类似于现在水煮鱼做法的烹制方法制作了与当时传统做法截然不同的“水煮肉片”，他也因此而获得了大奖。

主料：草鱼 1 条、黄豆芽；辅料：干辣椒、花椒、姜、蒜、葱、油、食盐、味精、干淀粉、料酒、豆瓣（或剁椒）、生蛋清、胡椒粉。做法：将鱼杀好洗净，剁下头尾，片成鱼片，并把剩下的鱼排剁成几块。将鱼片用少许盐、料酒、生粉和一个蛋白抓匀，腌 15 分钟（头尾及鱼排另装盘，用同样的方法腌制）。烧开一小锅水，将豆芽洗净后，放入开水中烫一下，捞入大盆中，按个人口味撒一点盐，备用。在干净的炒锅中加平常炒菜 3 倍的油，油热后，放入 3 大匙豆瓣（或水煮鱼剁椒）爆香，加姜、蒜、葱、花椒粒、辣椒粉及干红辣椒中小火煸炒。出味后加入头尾及鱼排，转大火，翻匀，加料酒和酱油、胡椒粉、白糖适量，继续翻炒片刻后，加一些热水，同时放盐和味精调味。待水开，保持大火，将鱼片一片片放入，用筷子拨散，3 ～ 5 分钟即可关火。把煮好的鱼及全部汤汁倒入刚才盛豆芽的大盆中。另取一干净锅，倒入半斤油（具体油量要看准备的容器大小，以倒入大盆中时，把鱼和豆芽全部淹没为准，可以目测一下）。待油热后，关火先晾一下。然后加入很多花椒及干辣椒，用小火慢慢炒出花椒和辣椒的香味。辣椒颜色快变时，立即关火，把锅中的油及花椒、辣椒一起倒入盛鱼的大盆中。

（四）酸辣粉

酸辣粉

“酸辣粉”是四川的传统名小吃，麻、辣、鲜、香、酸且油而不腻，“酸辣粉”系纯天然绿色食品，主粉由红薯、红苕、豌豆按最佳比例调和，然后由农家用传统手工漏制而成。酸辣粉主要采用红薯粉加工而成。“酸辣粉”方便食品也以其价廉物美、口味独特的优势在全国各大城市畅销不衰，在拉萨也不例外。

做法：将明矾研成细粉，加水150克搅匀制成明矾水。熟芡糊倒入盆内，加入红薯淀粉、清水2000克、明矾水揉成软硬适度的粉团待用。将一大铝瓢用工具插出黄豆般大小的孔，将粉团装水瓢内，用手掌拍粉团使之成线条漏入开水锅内烫熟，再挑入凉水内漂凉即成“水粉”。“酸辣粉”调味料的调制和浇苕的种类：“酸辣粉”所用浇苕，如同面条浇苕一样制作，使用酸食的主要有“肥肠苕”“凉粉苕”“排骨苕”等，其中酸辣粉尤以“肥肠苕”最为著名。“肥肠苕”分为“酸辣肥肠粉”和“原汤肥肠粉”，即酸辣口味和鲜咸口味。调味主要用胡椒粉、红油辣椒、葱花、酱油、芽菜、芹菜粒、醋、香菜、碎米芽粒或者冬菜（四川的一种蔬菜）、油酥黄豆、味精等组成。烫汆酸辣粉的汤，以煮肥肠、猪耳等熬制的浓白色的原汤。具体操作是：将醋、红油辣椒、酱油、味精、芽菜放入汤碗中，注入原汤，将粉入锅烫制后挑入碗内，撒上芹菜、香菜、大头芽、酥黄豆、新鲜豌豆尖即可。

（五）水煮肉片

水煮肉片是川菜的一种传统菜式，几乎四川家家户户都会做。水煮的特色是“麻、辣、鲜、烫”。口味为椒麻味，肉味香辣，软嫩，易嚼。水煮肉片为四川名菜之一，因肉片未经划油，以水煮熟故名水煮肉片。吃时肉嫩菜鲜，汤红油亮，麻辣味浓，最宜下饭，为冬季家常美食之一。

第三节 清真餐饮在拉萨

回族饮食具有悠久的历史，尼泊尔、克什米尔等南亚地区的穆斯林饮食与我国内陆的穆斯林饮食在拉萨通过经年累月的交流融合，如今形成了具有当地特色的清真饮食文化。

一、清真饮食特点

总的来说，回族饮食具有四个特点。

一是主食中面食多于米食。面食是回族人民的传统主食，其品种之多、花样之新、味道之香、技术之精都是无与伦比的，显示出了回族人民的聪明才智。据统计，回族饮食中，面食品种达60多种，而其他品种中，也或多或少地运用到面粉。拉面、馓子、饸饹、长面、麻食、馄饨、油茶、馄馍等，经过回族人的制作，都会成为待客的美味佳品，甚至外国人也是一吃为快，好不留恋。

二是回族饮食生活中，甜食占有一定的地位。回族著名菜肴中，有不少是甜菜，如它似蜜、炸羊尾、糖醋里脊等。米面中的甜食就更多了，如凉糕、切糕、八宝甜盘子、甜麻花、甜馓子、糍糕、江米糕、柿子饼、糊托等，宁夏回族群众还把穆斯林的传统美食油香做成了甜食，调制面团时，在里边加入蜂蜜、红糖等。

三是回族特别喜爱吃牛羊肉，他们倡导食用牛、羊、鸡、鸭、鱼等肉，禁戒猪、驴、骡及凶禽猛兽之肉。他们所倡导的食物，都是佳美的食物。所谓“佳美的食物”，就是纯洁的、可口的、富有营养的食物，更具体地说就是要有良好的外观形象、鲜香的嗅觉口感和丰富的营养价值。以羊为例，性情温顺，自身洁净，其肉美味可口，同时还对身体有滋补食疗作用。羊肉中含蛋白质、脂肪、维生素及钙、磷、铁等矿物质。经常食用羊肉，可以开胃健脾，散寒助阳，益肾补虚。

四是回族人民非常重视学习吸收兄弟民族的烹调经验。几百年来，回族与汉族等兄弟民族和谐相处，生息与共，引进了很多饮食品种，例如饺子、馒头、粽子、元宵、月饼等。回族在制作这些品种时，绝不是完全照搬，而是创造性地加以改进。例如饺子，不仅仅是将汉族饺子改成清真饺子，而且在佐料、做法，甚至吃法上都进行了变革，其中的酸汤饺子就是回族的一大发明。现在，随着社会经济的发展和人民生活水平的提高，回族与汉族及其他兄弟民族的饮食交流越来越频繁，从而又促进了回族饮食文化的进一步发展。

二、特色菜肴

（一）清炖羊肉

原料：羊肉 500 克，葱 25 克，青萝卜少许，香菜 25 克，味精、盐、姜、醋、胡椒粉适量，香油 5 克。

做法：将羊肉剁成 2.5 厘米见方的块，用刀拍破，葱一部分切丝，一部分切断；青萝卜切两半；羊肉用开水汆去血污，倒入陶质盆内，加入姜、葱段、萝卜、开水（以没过羊肉为限），再放在锅内的小铁架上，锅内加适量的水（盆的下部分应泡在水中），盖紧锅盖，烧至肉烂时撇去浮油，捞去葱、姜、萝卜，吃时加入葱丝、香菜、醋、胡椒粉、香油、味精、盐等调味。

（二）牛杂汤

主料：牛筋、牛肚、牛腩、牛腱、牛骨。

调料：酱油、料酒、盐、味精、桂皮、八角、老姜丝、葱段等。

做法：先将牛骨砍成大块汆水，牛腩、牛肚、牛腱等改刀成均匀的片，并汆水待用；净锅下水加入牛骨、牛筋、牛肚等主料一起大火烧开，加入老姜丝、葱段、酱油、桂皮等调好味，再用小火煨 100 分钟左右，起锅挑掉牛骨、桂皮、葱结等淋上少许葱油即可。

（三）羊肉搓面

将面搓成长条形，煮熟后加入羊肉块、萝卜丁、臊子即成，面筋味浓，十分可口。

（四）涮羊肉

切制羊肉要求薄如纸、匀如晶、齐如线、美如花，羊肉片要长 17 ～ 20 厘米，宽 3 ～ 6 厘米。火锅火旺，肉片汆入，涮至发白色即出，蘸调味料进食。羊骨、猪骨、鱼和姜加水做汤。羊肉冻硬，把冻肉进一步剔除肉头、边角、脆骨、云皮、筋膜等，然后切成 15 ～ 20 厘米长、3 ～ 5 厘米的宽的极薄片，码在盘中待用。把虾仁加入汤内。火锅加木炭，把水烧开后，先下入少量肉片在汤中拨散，使其涮成灰白色时，随即可夹出蘸着配好的调料吃，然后肉片随涮随吃，切忌下得过多，这样容易老化影响鲜嫩。肉片涮完后，再加入白菜头、细粉丝（也可用冻豆腐、白豆腐、酸菜、菠菜等），做汤菜食用。回族涮羊肉选料精细鲜嫩，肉片纸薄均匀，调料多样味美，涮肉醇香不膻。

（五）羊肉臊子面

回族传统风味食品，汤宽面爽，咸辣味香。

（六）丁香肘子

丁香肘子又称燎毛肘子，是银川的特色风味食品。其味肥而不腻，瘦而不柴、软烂适口、味道醇厚，是银川市同福居大酒家的一道传统名菜。

做法：肘子先经燎毛、刮洗后，皮净质洁，然后经白煮、上色、改刀、定碗、笼蒸、浇汁。每道工序的操作十分精细，加上选料讲究，调料中的丁香浓郁袭人，风味独特，深受顾客欢迎。

（七）烩羊杂碎

烩羊杂碎，风味独特。制作方法：将羊的内脏、头蹄肉经仔细冲洗后，入开水锅煮熟捞出，切成丝。以原汤下入切好的杂碎丝，加葱、姜、蒜末、红辣油、味精、香菜，即成烩羊杂碎。那红色的便是辣椒油，绿色的是青葱、香菜末，油色下面是乳白色的鲜汤，喝一口鲜汤吃一口杂碎，不膻不腻，味道香醇浓郁。

烩羊杂碎

烩羊杂碎是最有回族风味的颇有情趣的小吃。羊宰杀之后，扒出心、肝、肺、肚，反复用开水翻滚搓洗，直至完全干净，这些同时下锅熬煮，肝易熟应提前捞出，其余多煮数小时至透熟。食时将杂碎分别切成丝片状，以白色原汤下入切好的羊杂碎适量，加入姜、蒜、辣椒油、葱、香菜，佐以盐、酱油等调料，红绿白三色相间，香味四溢，悦目爽口。所谓“头肉烂、蹄筋柔、原汁浓”。回族喝的盖碗茶也颇有讲究，喝茶时左手托盅，右手抓盖，用盖将浮在上面的白芝麻轻轻吹刮，边饮茶边嚼芝麻，茶毕可将盅内干果吃尽。

（八）清蒸羊羔肉

回族羊羔肉细嫩鲜美，没有膻味。羊羔肉最好选用胸叉、上脊骨部位，剁成长方形条，用清凉水洗净，摆在碗内，放上生姜、大葱、大蒜；再放上几粒生花椒，上笼蒸 30 分钟左右；然后扣至汤盘内上桌，配以醋、蒜汁、盐等调料佐食。

（九）凉拌面皮

面制凉皮，薄如纸，切成条状，码上肉丝、黄瓜，加以芥末、醋、香油等调汁即成。味道酸、麻、辣、香，清凉可口，色香味俱全。凉皮的具体做法是：首先用冷水调好面，将面揉均匀之后，再放进盆中用冷水浸泡 10 分钟左右，然后用手进行搓洗，搓洗净淀粉后所剩的那块弹性极好又光滑细腻的面团，称之为面精。取出来，用专用毛巾蘸干面精上的水渍后，放进笼锅蒸 40 分钟左右，面精即成。而洗在盆中的面水在沉淀 3 个小时之后，将上面的水倒掉，换上清水，放入食碱，搅拌均匀后舀入酿皮锅蒸煮，每一锅酿皮 5 分钟左右便可蒸好。

第四节　印度和尼泊尔饮食在拉萨

拉萨人以藏族为主，藏族是一个有悠久历史饮食文化的民族，饮食一直是推动藏族文化发展的原动力之一。但是近年来，印度和尼泊尔的特色饮食在拉萨掀起了一股热潮，已经成为拉萨饮食的一个新的消费热点。印度及尼泊尔饮食的传入，丰富了藏菜的菜系，拉萨人民偶尔品尝一下浓郁的咖喱味，欣赏一下抛饼独特的制作过程，会感到新奇、欢喜。作为一个独立的菜系，能够快速吸引在饮食方面非常注重的拉萨人，其烹饪的色香、味美具有独到之处。

一、特色菜肴

（一）印度飞饼

原料：低筋面粉、蛋黄、砂糖、盐、水、炼奶、牛油。

做法：将低筋面粉、蛋黄、砂糖、盐、水、炼奶、牛油等材料调和成面团，在空中用“飞”的绝技做成，可以称得上是一件绝妙的手工艺品，既是制作又是表演，其风味独特、浓郁香酥，色香味俱全。

印度飞饼被视为主食中的明星。飞饼又名“印度薄饼”，有 10 多个品种。现如今，随着世界文化的影响，因习惯的不同，飞饼的口味也在不断多样化。

（二）什锦咖喱鲜蔬

原料：菜花、土豆、豆角、胡萝卜、咖喱。

印度飞饼

做法：将菜花、土豆、豆角、胡萝卜等蔬菜切成各种大小不等的块状，放在一起清炒，最后加入咖喱进行调味，一道可口美味的“什锦咖喱鲜蔬”就可以上桌了。

（三）马萨拉咖喱鸡

马萨拉咖喱鸡是印度一道传统的烤鸡肉，在烤鸡肉里面加入咖喱和马萨拉调料，味道鲜美无比。其巧妙地融入了咖喱味和马萨拉调料两者的香味，口味属于中辣，并略带一点酸味，最适合用烤饼卷着吃。众所周知，鸡肉蛋白质的含量比较高，而且消化率高，很容易被人体吸收利用，对于增强体力、强壮身体能起到非常好的作用，另外，鸡肉含有对人体发育有重要作用的磷脂类，是膳食结构中脂肪和磷脂的重要来源之一。

（四）马萨拉奶茶

又称“印度拉茶”，原本的奶茶和我们平时所接触的奶茶并没有什么差异，可是当它加入了马萨拉香料之后，就会变得独具一格。当地人总会在饭后喝上一杯拉茶，这种饮料在印度很是受欢迎。制作过程中让茶叶汁、鲜牛奶、咖喱汁、马萨拉调料等充分混合，喝一口“拉茶”，浓烈的茶香、奶香混合着咖喱香，充满整个味蕾。如果厨师想展示一下自己的演技，还可以将茶水在两只茶杯间来回倾倒，展示“拉茶”的制作。

（五）豆汤

原料：扁豆、黑豆、青豆、鸡汤、橄榄油、熏火鸡翅肉、胡萝卜、洋葱。

配料：孜然粉、辣椒粉、芫茜籽粉、姜黄粉、盐、胡椒、欧芹碎、百里香、香叶、蒜。

做法：橄榄油炒软洋葱、胡萝卜、蒜，加火鸡骨、鸡汤和水，慢火熬 1 个小时，倒入扁豆、香叶、百里香、火鸡肉丁，再烧半个小时，加配料拌匀，小火煮 10 分钟，拌入欧芹即可。

结　语

青藏高原，气候寒冷、地广人稀，但以其丰富的物产、成群的牛羊养育了一代又一代的善良、勤劳又勇敢的藏族人民。自古至今，除了淳朴的藏族人民，其他各族人民在迁移中也驻扎、生根于此，并一样热爱着这片栖息之地。不同的民族、不同的语言、不同的习俗在交流交往中，通过不断地相互学习、相互竞争、相互扶持，逐步形成了独特的文化。

由于高寒气候、有限资源环境和独特的群居习惯，藏族在长期的历史发展中形成了独特的饮食文化。公元6世纪前，藏族饮食发展处于起步阶段，无论是食品原料，还是烹饪技术都极其单一。之后随着与周边地区和中原内地的文化经济的交流、交往，吐蕃的饮食内容逐渐在改善。尤其随着唐蕃的频繁交往，汉藏饮食开启了融合之路，青藏高原的食品原料、烹饪技巧等方面都有了不断地提升。同时，人民开始注重了“养食”，即食补。8世纪，《四部医典》展示了西藏拥有的丰富的食物原料资源，并从医学理论上阐述了与饮食有关的动植物、矿物的药理功效。

13世纪，元朝实现了统一多民族国家的巩固和发展，西藏地区从而形成了相对稳定的社会局面。通过与蒙古族及其他内陆民族的密切交往，藏族饮食不断吸纳其他地区和民族的饮食优点来改善和丰富本民族饮食的内容。

18世纪，喜马拉雅山脉周边地区的食物、饮食器具、烹饪技巧等传入了西藏，同时，清中央政府与西藏地方间的纽带越发紧密，祖国内地的瓜果蔬菜、烹饪技巧和器皿传入了西藏，更加有力地推动了西藏饮食的快速发展。

20世纪80年代，随着改革开放的力度加大，各地开始兴起旅游业。西藏由于它历来的神秘性，吸引了大批的游客和商人，川菜馆像花一样一朵朵冒了出来。

90年代，藏餐、中餐、西藏、南亚地方菜系的碰撞和融合下，原料不断充实，烹调技术不断改善，新的饮食文化在不同地区的藏族人民间得到传播和当地化。

21世纪，国家极其重视交通道路的建设和发展，西藏地区的交通也随之得到改善。尤其伴随着青藏铁路的开通，国内外来藏商贸和旅游的人数呈快速增长之势，不仅加快了西藏的经济增长，也加快了西藏饮食，尤其是加快了拉萨饮食的优化和传播速度，将拉萨饮食的艺术性、礼仪性、科学性和民族性呈献给了国内外热爱西藏的人们。

如今，旅游业是西藏经济当之无愧的支柱，国内外游客首先是受宗教性、神秘性及独有的地理环境吸引来到西藏，但是通过感受民俗风情、人民的热情奔放和可适应的饮食等具有魅力的民族文化，我们可以让更多人从更多角度了解和推广西藏。这就需要我们继承和发扬藏族特色饮食。让西藏的特色饮食被更多的消费者接受、喜欢和习惯，不故步自封，继承西藏传统饮食在千年中不断改善的良好特性，继续创新，形成集养生、民族艺术等于一体的独具地方特色的饮食风格。

后 记

本书是《幸福拉萨文库·经典篇》里的一个项目，我们有幸成为该文库的一部分。

2013年年底，经过课题组负责人徐索娜央珍的不断申请与完善，得到了拉萨市的支持得以立项，后经过课题组不断努力，西藏社科院领导班子与专家组不断调整，最终确定课题提纲后，2014年对课题进行了分工、合作安排并正式启动。2016年经过课题组成员的共同努力形成了初稿。课题组在完成初稿后的三年里，多次征集了各方面专家的修改意见，经过不断地纠察错处和修改内容，该项目得以顺利完成。

本书以拉萨民族饮食文化为调研对象，从环境、经济、社会、文化等方面对饮食的形成、演变与发展及对内对外多方面的影响等进行了梳理，并对一些特色菜肴进行了翔实的讲述。

课题的完成项目在调研和撰写过程中的具体分工如下。

达娃群宗：第一章的撰写。

普仓：第二章的撰写。

旦增：第三章的撰写。

徐索娜央珍：第四、五章的撰写。

王文令、武海波：第六章的资料收集与合作撰写。

徐索娜央珍、王文令：第七章的合作撰写。

在此，由衷地感谢帮助我们进行实地调查和撰写此书的所有人。

感谢拉萨市委、市政府的大力资助与支持，感谢课题组成员的不懈努力与通力合作，感谢相关领域专家学者的大力支持，感谢大家对本书的肯定、帮助和提出宝贵的修改意见，感谢出版社编辑们的辛勤劳动。

课题组

2019年5月13日